高职高专机电类专业系列教材

电工技术项目式教程

主　编　党智乾
副主编　张思雨
参　编　梁洪洁

机 械 工 业 出 版 社

本书立足于实践和应用能力的培养，在项目的选取和模块的编写上充分考虑了从事自动化类、机电类专业职业工种所必需的知识、技能、素质，具有很强的针对性和实用性。本书主要内容有直流电路的测试、正弦交流电路的测试、变压器与电动机功能的测试、三相异步电动机的控制与设计、可编程序控制器系统的分析与设计、供配电与安全用电系统的认知等。

本书可作为高职高专机电设备类、计算机类、电力技术类、电子信息类、通信类及自动化类等专业电工技术课程的教材或参考书，也可供工程技术人员参考，还可供有兴趣的读者自学使用。

为方便教学，本书有电子课件、习题答案、模拟试卷及答案等教学资源，凡选用本书作为授课教材的老师，均可通过电话（010-88379564）或QQ（3045474130）索取，有任何技术问题也可通过以上方式联系。

图书在版编目（CIP）数据

电工技术项目式教程/党智乾主编. —北京：机械工业出版社，2016.8（2021.8 重印）
高职高专机电类专业系列教材
ISBN 978-7-111-54426-5

Ⅰ.①电…　Ⅱ.①党…　Ⅲ.①电工技术-高等职业教育-教材　Ⅳ.①TM

中国版本图书馆 CIP 数据核字（2016）第 172538 号

机械工业出版社（北京市百万庄大街 22 号　邮政编码 100037）
策划编辑：曲世海　　责任编辑：曲世海
责任校对：刘志文　　封面设计：陈　沛
责任印制：郜　敏
北京富资园科技发展有限公司印刷
2021 年 8 月第 1 版第 2 次印刷
184mm×260mm · 10.75 印张 · 251 千字
标准书号：ISBN 978-7-111-54426-5
定价：35.00 元

电话服务	网络服务
客服电话：010-88361066	机 工 官 网：www.cmpbook.com
010-88379833	机 工 官 博：weibo.com/cmp1952
010-68326294	金 书 网：www.golden-book.com
封底无防伪标均为盗版	机工教育服务网：www.cmpedu.com

前　言

随着自动化技术的不断发展，各种机电、自动化设备在各个领域扮演着越来越重要的角色，掌握电工技术实用知识已成为对高职高专各专业学生的基本要求，各高职高专院校工科专业均开设了“电工技术”或类似课程。

本书内容的安排以精练为原则，注意深度和广度的结合，避免了繁琐的数学分析，突出了实际应用，同时结合职业教育主要培养一线高技能技术型人才的目标，在深入开展项目化教学改革的基础上，编写了本书。本书具有以下特点：

1. 以学生就业为导向，根据企业专家对专业所涵盖职业岗位群的工作任务和职业能力进行的分析，以各专业共同具备的岗位职业能力为依据，遵循学生的认知规律，紧密结合“维修电工”等职业资格证书中有关电工技能的要求，确定了本书的项目内容和模块选取。

2. 突出实际应用，强化能力培养。在项目的选取和模块的编写上充分考虑了电工技能的要求和知识体系，具有较强的针对性和实用性。全书共有 6 个项目，按照直流电路的测试、正弦交流电路的测试、变压器与电动机功能的测试、三相异步电动机的控制与设计、可编程序控制器系统的分析与设计、供配电与安全用电系统的认知等内容安排学习，使学生真正掌握电工专业知识和电工基本操作技能。

3. 为了充分体现任务引领、实践导向课程的思想，模块中又分为若干任务，以任务为单位组织教学，以电工仪器仪表、机电和电气设备为载体，按电工工艺展开教学，让学生在掌握电工技能的同时，加深对专业知识、技能的理解和应用，提高学生的综合职业素质。

本书由西安航空职业技术学院党智乾担任主编，中航飞机股份有限公司西安飞机分公司总装厂张思雨担任副主编，共同负责编写大纲及统筹工作，西安航空职业技术学院梁洪洁参加了本书的编写工作。具体分工如下：项目 1 和项目 6 由梁洪洁执笔，项目 2 和项目 4 由张思雨执笔，项目 3、项目 5 及附录由党智乾执笔。

由于作者水平有限，书中难免有错漏和不妥之处，恳请读者批评指正。

编　者

目　　录

项目 1　直流电路的测试

模块 1.1　电路基本物理量的测量

任务 1.1.1　电路的认知

1. 电路及其组成

电路是电流通过的路径，它由电路元（器）件按一定方式连接而成。电路的一种作用是实现能量的传输、转换和分配。图 1-1a 是一个简单的电路，它由电池、灯泡、开关和导线组成。当开关闭合时，灯泡发光，开关断开时，灯泡熄灭。电路另一种作用是实现信号传递与处理，电视机电路就属于这类电路。

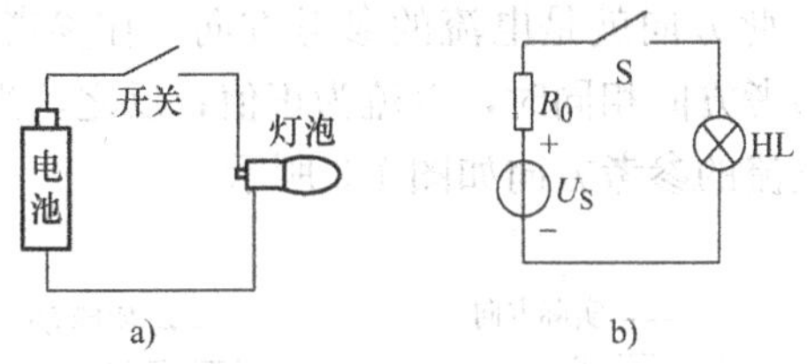

图 1-1　手电筒的电路

电路由电源、负载和中间环节三个部分组成。电源是把其他形式的能量转换成电能，是提供电能的设备，例如电池是把化学能转换成电能，发电机是把机械能转换成电能。负载是把电能转换成其他形式的能量，是消耗电能的设备，例如电动机是把电能转换成机械能，电炉是将电能转换成热能。除电源和负载之外的设备均属于中间环节，例如开关、导线、熔断器等。

2. 电路图

图 1-1a 是手电筒的实际接线图，为了简单、准确地表示电路中各元件之间的关系，将各元件用国家标准规定的符号（包括图形符号和文字符号）表示，并用实线表示导线，这种图称为电气原理图。图 1-1b 是手电筒的电气原理图。常用元件的符号如图 1-2 所示。

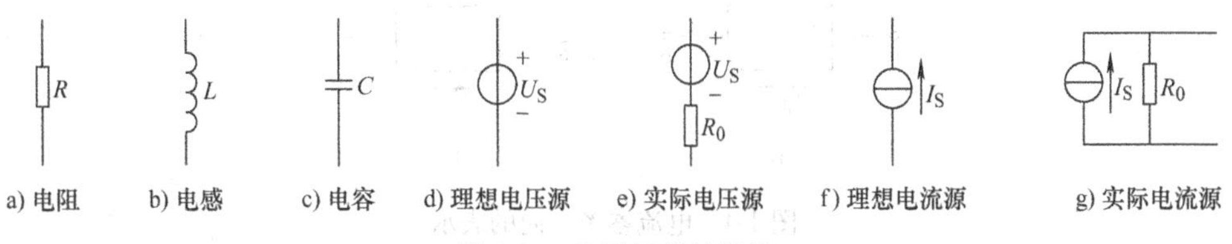

图 1-2　常用元件的符号

任务 1.1.2　电流、电压及其参考方向的判定

1. 电流及其参考方向

（1）电流　电流是由带电粒子的定向移动形成的。电流的大小等于单位时间内通过导体横截面的电荷量，即

$$i = \frac{\mathrm{d}q}{\mathrm{d}t} \tag{1-1}$$

如果电流不随时间的变化而变化，这种电流称为直流电，表示为

$$I = \frac{Q}{t} \tag{1-2}$$

电流的国际单位是安（培），用符号 A 表示，另外还有毫安（mA）、微安（μA）等，它们之间的关系为

$$1\mathrm{A} = 10^3\mathrm{mA} = 10^6\mu\mathrm{A}$$

（2）电流的方向　早期的科学家规定，电流的正方向是正电荷流动的方向，这个规定沿用至今。后来，科学家发现电流本质上是电子的运动，而电子是带负电荷的。因此，电流的正方向是与电子运动的方向相反的。但在实际中很难判断出电流的实际方向，所以在电路可以假定一个电流的方向，此方向就是电流的参考方向。在参考方向下，电流是一个代数量，当电流的实际方向与参考方向相同时，电流为正值；反之，当电流的实际方向与参考方向相反时，电流为负值。电流的参考方向如图 1-3 所示。

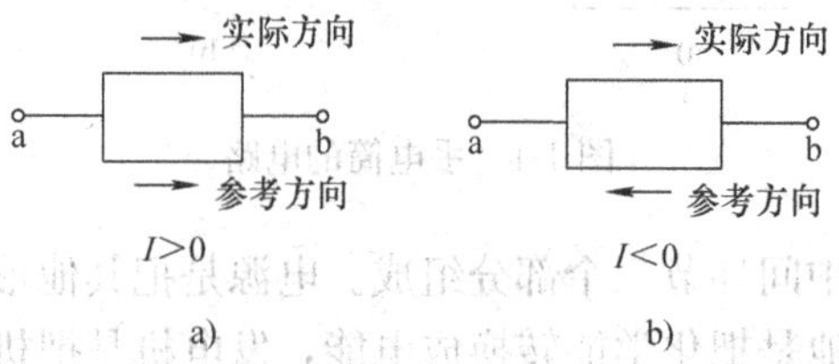

图 1-3　电流的参考方向

在未规定参考方向的情况下，电流的正负号是没有意义的。

（3）电流参考方向的表示　电流参考方向表示方法有两种。

1）用箭头表示，如图 1-3 所示。

2）用双下标表示。在图 1-4a 中，I_{ab} 表示电流的参考方向是由 a 指向 b，在图 1-4b 中，I_{ba} 表示电流的参考方向是由 b 指向 a。显然，两者的大小相等，方向相反，即

$$I_{\mathrm{ab}} = -I_{\mathrm{ba}}$$

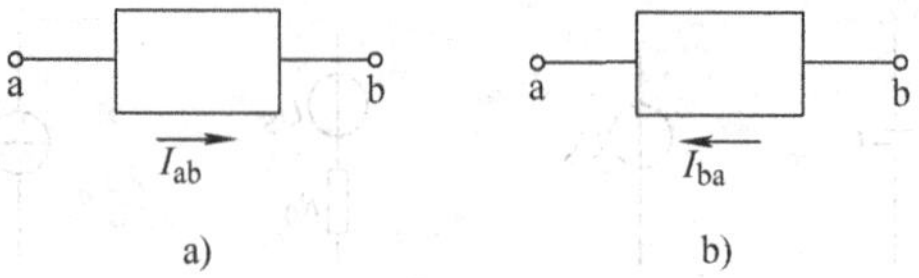

a　I_{ab}　b　　a　I_{ba}　b

a)　　b)

图 1-4　电流参考方向的表示

2. 电压及其参考方向

(1) 电压 电压是指单位正电荷 q 在电场力 F 的作用下从 a 点移动到 b 点所做的功，即

$$u=\frac{dW}{dq}=\frac{dFl}{dq} \tag{1-3}$$

若是直流电压可写成

$$U=\frac{W}{q}=\frac{Fl}{q} \tag{1-4}$$

电压的国际单位是伏（特），用符号 V 表示，另外还有毫伏（mV）、千伏（kV）等，它们之间的关系为

$$1V=10^3mV=10^{-3}kV$$

(2) 电压的方向 电压的实际方向是从正极指向负极。与电流类似，在分析电路时也要规定电压的参考方向，在参考方向下，电压是一个代数量，当电压的实际方向与参考方向相同时，电压为正值；反之，当电压的实际方向与参考方向相反时，电压为负值。电压的参考方向如图 1-5 所示。

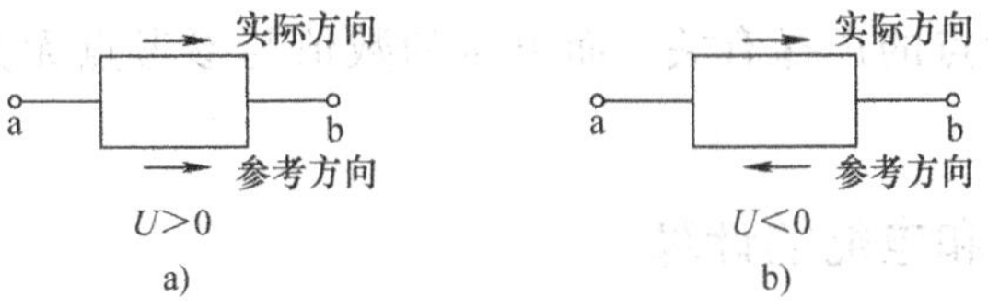

图 1-5 电压的参考方向

(3) 电压参考方向的表示 电压参考方向表示方法有三种。

1) 用箭头表示，如图 1-5 所示。

2) 用双下标表示。在图 1-6a 中，U_{ab} 表示电压的参考方向是由 a 指向 b，在图 1-6b 中，U_{ba} 表示电压的参考方向是由 b 指向 a。两者的大小相等，方向相反，即

$$U_{ab}=-U_{ba}$$

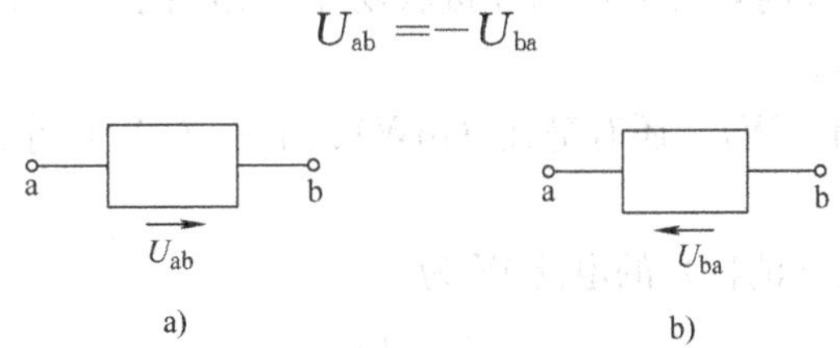

图 1-6 用双下标表示电压的参考方向

3) 用极性表示。在图 1-7 中，电压的参考方向是从正极指向负极。

图 1-7 用极性表示电压的参考方向

为了分析方便，通常将同一个元件上电压和电流的参考方向标成一致，这种标法称为关

联参考方向；若同一个元件上电压和电流的参考方向不一致，称为非关联参考方向。电压和电流参考方向的标法如图 1-8 所示。

a) 电压和电流关联参考方向　　b) 电压和电流非关联参考方向

图 1-8　电压和电流参考方向的标法

3. 电位

在电路中，指定某点作为参考点，则电路中任意一点到参考点的电压称为该点的电位，用 V 表示。若指定 o 点为参考点，则 a 的电位为

$$V_a = U_{ao} \tag{1-5}$$

参考点的电位为零，所以把参考点也称零电位点。

如果两点 a、b 的电位为 V_a、V_b，则这两点的电压为

$$U_{ab} = U_{ao} + U_{ob} = U_{ao} - U_{bo} = V_a - V_b \tag{1-6}$$

即两点之间的电压等于这两点的电位差，所以电压也叫电位差。

电位的大小与参考点的选择有关，而电压的数值与参考点无关。参考点通常用符号“⊥”表示。

任务 1.1.3　电功率和电能的计算

1. 电功率的计算

传递转换电能的速率称为电功率，简称功率，用 p 或 P 表示。任意元件上的功率等于其电压与电流乘积的代数值，即

$$P = \pm UI \tag{1-7}$$

当电压与电流为关联参考方向时取“+”，非关联参考方向取“−”。这样，功率可以为正，也可以为负。当 $P>0$ 时，说明该元件接收功率，相当于负载；当 $P<0$ 时，说明该元件发出功率，相当于电源。

功率国际单位是瓦特（W），还有毫瓦（mW）、千瓦（kW）等。

2. 电能的计算

电路在时间 t 内吸收（消耗）的电能 W 为

$$W = Pt \tag{1-8}$$

电能的国际单位为焦耳，用 J 表示，但在实际中通常用“度（kW・h)”表示，其关系为

$$1\text{kW}\cdot\text{h} = 3.6\times 10^6\text{J} \tag{1-9}$$

例 1.1　如图 1-9 所示的三个元件，已知 $U_1=-5\text{V}$，$U_2=6\text{V}$，$U_3=10\text{V}$，$I=1\text{A}$，求各元件上的功率 P_1、P_2、P_3，并判断是接收功率还是发出功率。

解：$P_1=U_1I=(-5)\times 1\text{W}=-5\text{W}$（发出 5W 的功率）

$P_2=U_2I=6\times 1\text{W}=6\text{W}$（接收 6W 的功率）

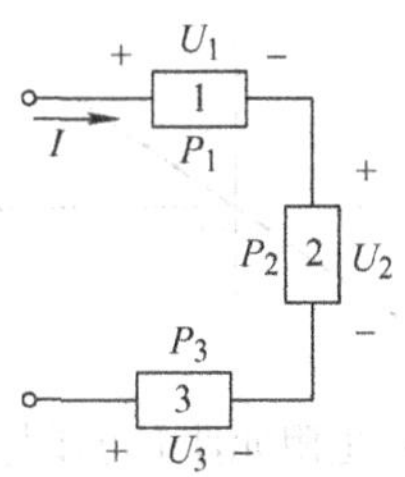

图 1-9　例 1.1 图

$P_3=-U_3I=-10\times1\text{W}=-10\text{W}$（发出 10W 的功率）

任务 1.1.4　认识电阻元件

1. 电阻及电导

电子在电场力的作用下运动时会受到一定的阻碍，我们把电子运动受到的这种阻碍称为电阻，用字母“R”表示。

电阻的大小与导体的材料、长度和横截面积有关，即

$$R=\rho\frac{l}{S}=\frac{l}{\gamma S} \tag{1-10}$$

式中，ρ 是电阻率（$\Omega\cdot\text{mm}^2/\text{m}$）；$S$ 是导体的横截面积（mm^2）；γ 是电导率或电导系数，$\gamma=\frac{1}{\rho}$；l 是导体的长度（m）。

电阻的国际单位是欧姆（Ω），常用的还有千欧（kΩ）、兆欧（MΩ）等，它们之间的关系为

$$1\text{M}\Omega=10^3\text{k}\Omega=10^6\Omega$$

将电阻的倒数称为电导，用 G 表示，即

$$G=\frac{1}{R} \tag{1-11}$$

电导单位为西（门子），用符号 S 表示。

2. 电阻元件伏安特性

电阻元件有线绕电阻、金属膜电阻等几种。为了方便，在不引起混淆时，将电阻和电阻元件都简称为“电阻”。

电压与电流的大小成正比的电阻元件称为线性电阻元件，电压与电流的关系称为伏安关系，线性电阻元件的伏安关系可以用通过原点的直线表示，如图 1-10 所示，这种关系称为欧姆定律。

电压与电流的大小不成正比的电阻元件称为非线性电阻元件。在以后的分析中，如果不加以说明，电阻元件均按线性电阻元件处理。

3. 电阻元件上的功率和电能

在任何瞬间，线性电阻元件上接收的功率为

$$P=UI=\frac{U^2}{R}=I^2R \tag{1-12}$$

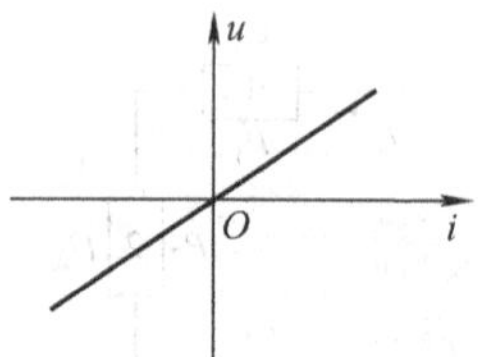

图 1-10　线性电阻元件上电压与电流的关系

电阻元件在时间 t 内将接收的电能转换成热能，则该电阻元件在这段时间内接收的电能 W 为

$$Q = Pt = UIt = \frac{U^2}{R}t = I^2Rt \tag{1-13}$$

例 1.2　一负载阻值为 100Ω 的电阻，加在额定电压为 220V 的电源上，其功率是多少？若该负载每天工作 5h，一个月（按 30 天计算）消耗的电能是多少？

解：负载功率为

$$P = \frac{U^2}{R} = \frac{220^2}{100}\text{W} = 484\text{W}$$

其电能为

$$Q = Pt = 484 \times 10^{-3} \times 5 \times 30\text{kW} \cdot \text{h} = 72.6\text{kW} \cdot \text{h}$$

任务 1.1.5　欧姆定律的分析与应用

欧姆定律是电路分析中重要的定律之一，它共有以下三种形式。

1. 一段电阻上的欧姆定律

一段电阻上的欧姆定律也称无源支路的欧姆定律，如图 1-11 所示。图 1-11a 中，电压与电流为关联参考方向，其欧姆定律可写成

$$U = IR$$

图 1-11b 中，电压与电流为非关联参考方向，其欧姆定律可写成

$$U = -IR$$

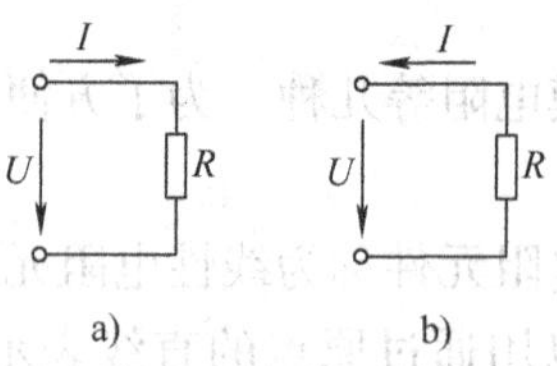

图 1-11　一段电阻上的欧姆定律

所以，一段电阻上的欧姆定律可写成

$$U = \pm IR \tag{1-14}$$

当电压与电流为关联参考方向时取“＋”，当电压与电流为非关联参考方向时取“－”。

2. 一段有源支路的欧姆定律

一段有源支路是指支路除了电阻，还有理想电压源。如图 1-12 所示，在图 1-12a 中，

$U=U_{ac}+U_{cb}=U_S+IR$；在图 1-12b 中，$U=U_{ac}+U_{cb}=-U_S-IR$。

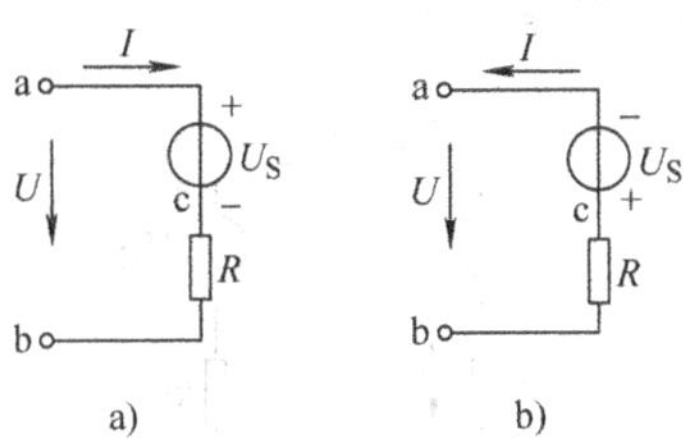

图 1-12　一段有源支路的欧姆定律

综上所述，列一段有源支路欧姆定律的方法是：

1）标出端口处电压和电流的参考方向。

2）列方程：$U=\pm U_S \pm IR$。

① 等号左边——该支路的端电压；

② 等号右边——“$\pm U_S$”的取法：沿着端电压 U 的方向，先遇到 U_S 的正极为“+”，先遇到 U_S 的负极为“−”；“$\pm IR$”的取法：电流 I 与端电压 U 为关联参考方向时取“+”，反之取“−”。

例 1.3　如图 1-13 所示电路，已知 $R_1=15\Omega$，$R_2=10\Omega$，$I=1A$，$U_{S1}=20V$，$U_{S2}=15V$，求各点电位。

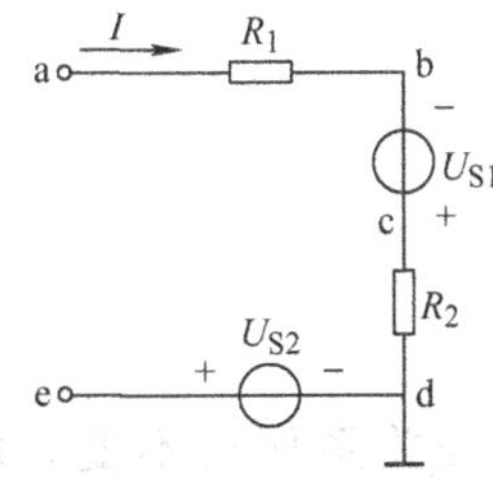

图 1-13　例 1.3 图

解： $V_d=0V$

$V_e=U_{ed}=U_{S2}=15V$

$V_c=U_{cd}=IR_2=1\times 10V=10V$

$V_b=U_{bd}=U_{bc}+U_{cd}=-U_{S1}+IR_2=(-20+10)V=-10V$

$V_a=U_{ad}=U_{ab}+U_{bd}=IR_1+U_{bd}=(1\times 15-10)V=5V$

3. 全电路欧姆定律

全电路也称无分支闭合回路，如图 1-14 所示，由

$$U_{ab}=U_{S1}-IR_1=U_{S2}+IR_2$$

可得

$$I=\frac{U_{S1}-U_{S2}}{R_1+R_2}$$

所以，全电路欧姆定律的表达式为

$$I=\frac{\sum U_S}{\sum R} \tag{1-15}$$

式中，$\sum R$ 为电路中所有电阻之和；$\sum U_S$ 为理想电压源的代数和：当电流 I 的参考方向与 U_S 方向相反时取“+”，反之取“−”。

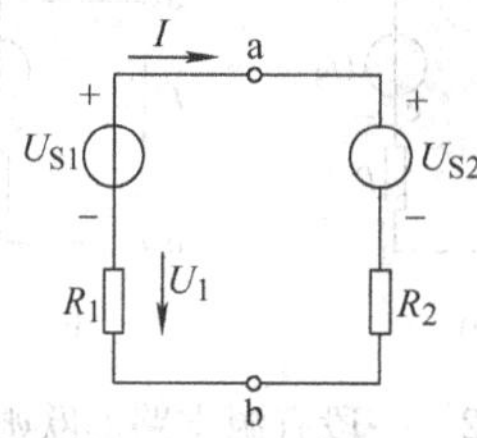

图 1-14　全电路欧姆定律

例 1.4　如图 1-14 所示的电路，已知 $R_1=15\Omega$，$R_2=10\Omega$，$U_{S1}=20V$，$U_{S2}=30V$。求：(1) 电路中的电流 I；(2) 电阻 R_1 上的电压 U_1。

解：(1) 标出电流 I 的参考方向，如图 1-14 所示，则

$$I=\frac{U_{S1}-U_{S2}}{R_1+R_2}=\frac{20-30}{15+10}A=-0.4A$$

负号表示电流的实际方向与所标的参考方向相反。

(2) 电阻 R_1 上的电压 U_1 的参考方向已标在图中，则

$$U_1=-IR_1=-(-0.4)\times 15V=6V$$

模块 1.2　复杂电路的分析

任务 1.2.1　电阻的连接

1. 网络等效的概念

如果两个网络满足端口处的伏安关系保持不变，那么这两个网络就是等效的。如图 1-15所示，M 网络和 N 网络端口处的电压和电流均为 U 和 I，则网络 M 和网络 N 是等效的。

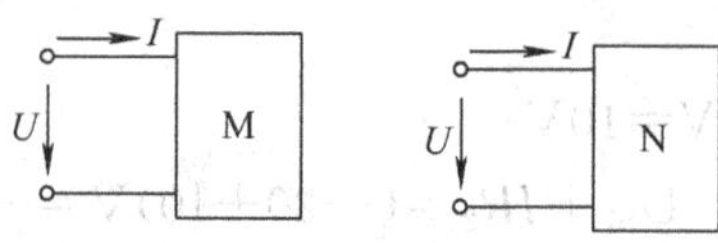

图 1-15　网络的等效

当网络只有两个端口与外部相连时，就称这个网络为二端网络。如果二端网络中有电源存在，则称该二端网络为有源二端网络，若没有电源则称为无源二端网络。

2. 电阻的串联

电阻的串联是将几个电阻首尾依次相接，即流过各电阻上的电流相等的接法，如图 1-16a 所示。

由定义可知，电阻串联时的各电流相等且等于总电流，即

$$I=I_1=I_2=\cdots=I_n \tag{1-16}$$

电阻串联时总电压等于各电阻上分电压之和，即

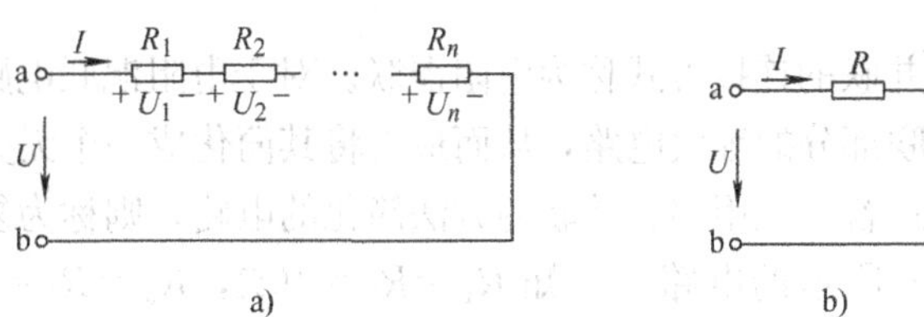

图 1-16　电阻的串联

$$U = U_1 + U_2 + \cdots + U_n \tag{1-17}$$

由于$U = U_1 + U_2 + \cdots + U_n = IR_1 + IR_2 + \cdots + IR_n = I(R_1 + R_2 + \cdots + R_n) = IR$，所以电阻串联时总阻值等于各电阻之和，即

$$R = R_1 + R_2 + \cdots + R_n \tag{1-18}$$

各电阻上的电压可由分压公式求得：

$$U_1 = \frac{R_1}{R}U, U_2 = \frac{R_2}{R}U, \cdots, U_n = \frac{R_n}{R}U \tag{1-19}$$

3. 电阻的并联

电阻的并联是将几个电阻首尾分别接在两个点上，即各电阻上的电压相等的接法，如图1-17a所示。

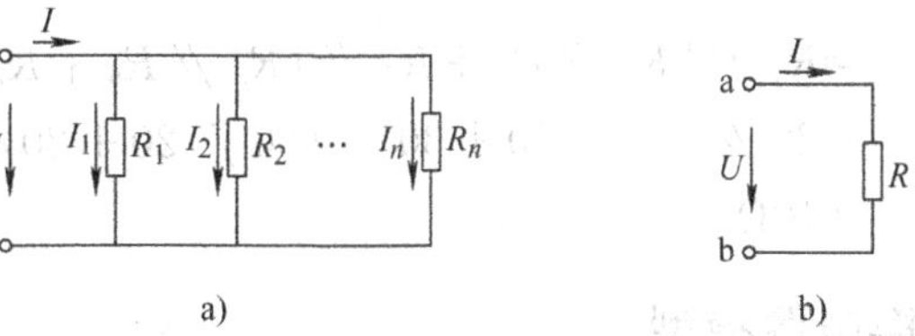

图 1-17　电阻的并联

由定义可知，电阻并联时的各电压相等且等于总电压，即

$$U = U_1 = U_2 = \cdots = U_n \tag{1-20}$$

电阻并联时总电流等于各电阻上分电流之和，即

$$I = I_1 + I_2 + \cdots + I_n \tag{1-21}$$

由于$I = I_1 + I_2 + \cdots + I_n = (G_1 + G_2 + \cdots + G_n)U = GU$，所以电阻并联时总电导等于各电导之和，即

$$G = G_1 + G_2 + \cdots + G_n \tag{1-22}$$

即　$$\frac{1}{R} = \frac{1}{R_1} + \frac{1}{R_2} + \cdots + \frac{1}{R_n} \text{（可写成} R = R_1 /\!/ R_2 /\!/ \cdots /\!/ R_n\text{）} \tag{1-23}$$

各电阻上的电流可由分流公式求得

$$I_1 = \frac{G_1}{G}I, I_2 = \frac{G_2}{G}I, \cdots, I_n = \frac{G_n}{G}I \tag{1-24}$$

若两个电阻并联，其等效电阻为

$$R = \frac{R_1R_2}{R_1 + R_2} \tag{1-25}$$

4. 电阻的混联

电阻既有串联又有并联的连接方式称为电阻混联。对于电阻混联电路，可以应用等效的概念，逐次求出各串、并联部分的等效电路，从而最终将其简化成一个无分支的等效电路，通常称这类电路为简单电路；若不能用串、并联的方法简化的电路，则称为复杂电路。

例 1.5 如图 1-18a 所示的电路，已知 $R_1=R_2=10\Omega$，$R_3=R_4=R_5=R_7=20\Omega$，$R_6=30\Omega$，求等效电阻 R_{ab}。

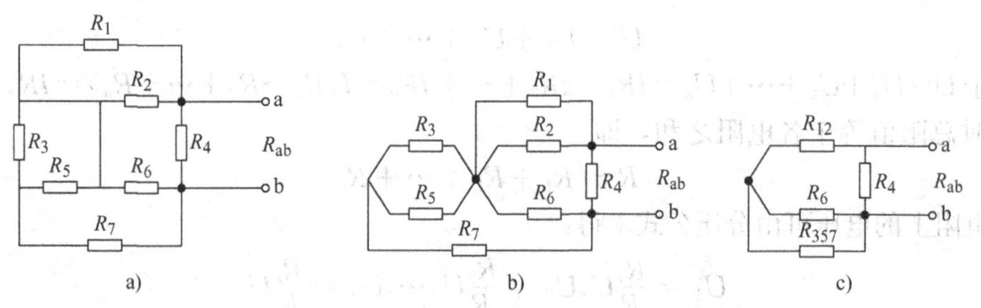

图 1-18 例 1.5 图

解： 由图 1-18a 可得到图 1-18b 的等效电路，即 R_1 和 R_2 并联，R_3 和 R_5 并联后再与 R_7 串联，得到图 1-18c 的等效电路，可得 R_{357} 和 R_6 并联，再与 R_{12} 串联，最后与 R_4 并联，即

$$
\begin{aligned}
R_{ab} &= R_4 \,/\!/\, [R_1 \,/\!/\, R_2 + R_6 \,/\!/\, (R_3 \,/\!/\, R_5 + R_7)] \\
&= 20 \,/\!/\, [10 \,/\!/\, 10 + 30 \,/\!/\, (20 \,/\!/\, 20 + 20)]\Omega \\
&= 10\Omega
\end{aligned}
$$

任务 1.2.2 等效变换电源模型

1. 电源模型

电源包括电压源与电流源两种。

(1) 电压源 电压源又包含理想电压源和实际电压源。

① 理想电压源。理想电压源是指其电压不会随着时间的变化而变化，而电流随着外电路的变化而变化。理想电压源的符号及伏安特性如图 1-19 所示。

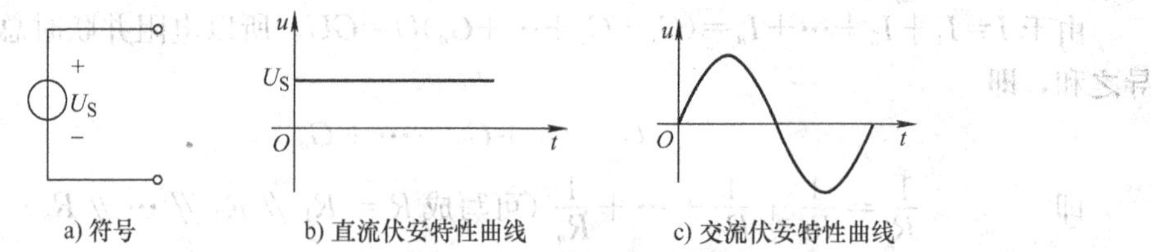

图 1-19 理想电压源的符号及伏安特性曲线

② 实际电压源。实际电压源是由理想电压源与内阻串联而成，其符号如图 1-20a 所示，由图中可知

$$U = U_S - IR_u \tag{1-26}$$

由电压源的外特性曲线（见图 1-20b）可知，实际电压源提供的电压与内阻 R_u 有关，R_u 越大，曲线下降越快，即特性曲线越“软”，反之特性曲线越“硬”。

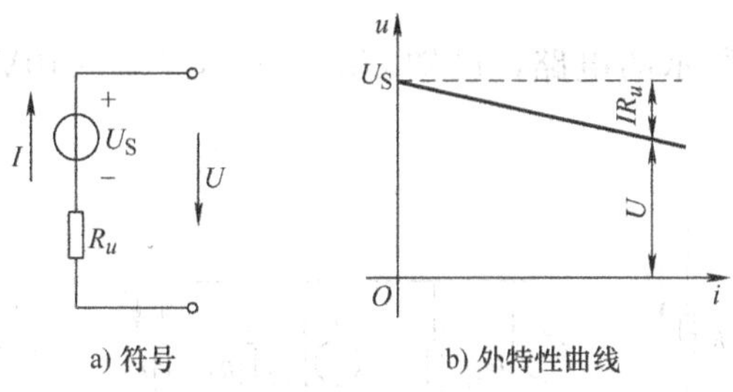

图 1-20　实际电压源的符号及外特性曲线

（2）电流源　电流源又包含理想电流源和实际电流源。

① 理想电流源。理想电流源是指其电流不会随着时间的变化而变化，而电压取决于外电路。理想电流源的符号及伏安特性如图 1-21 所示。

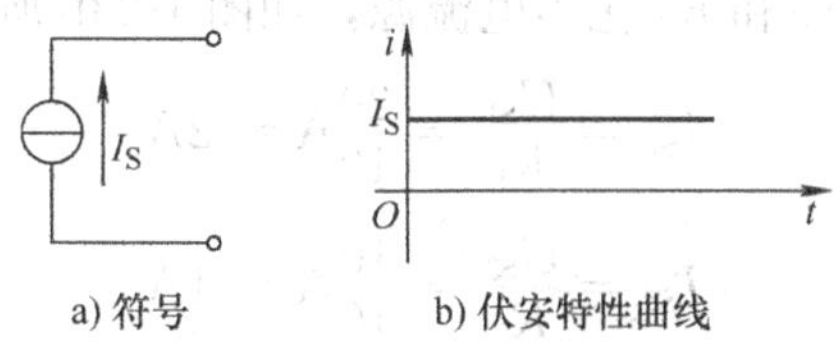

图 1-21　理想电流源的符号及伏安特性曲线

② 实际电流源。实际电流源是由理想电流源与内阻并联而成，其符号如图 1-22a 所示，由图中可知

$$I = I_S - \frac{U}{R_i} \tag{1-27}$$

将实际电压源的特性曲线的坐标轴对调即可得到实际电流源的特性曲线，如图 1-22b 所示。

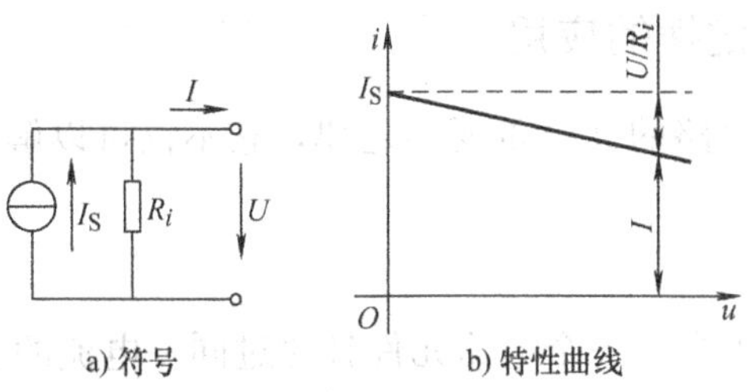

图 1-22　实际电流源的符号及特性曲线

2. 两种实际电源模型的等效——电源变换法

如果两个实际电源模型端口处的伏安关系相同（即等效），对于外电路而言，结果是相同的。

若实际电压源和实际电流源端口处 U、I 的关系不变，由式(1-26) 和式(1-27) 可知

$$\begin{cases} I_S = \dfrac{U_S}{R_u} \ (U_S \text{ 与 } I_S \text{ 的方向相反}) \\ R_u = R_i \end{cases}$$

应当注意，这种等效只是对电源外部，而电源内部一般是不等效的。另外，理想电压源与理想电流源之间是不能等效的，因为理想电压源的内阻 $R_u=0$，而理想电流源的内

阻 $R_i = \infty$。

例 1.6 如图 1-23a 所示的电路，已知 $U_{S1} = 20V$，$U_{S2} = 10V$，$R_1 = R_2 = 10\Omega$，$R_3 = 2.5\Omega$，求 R_3 上的电流 I。

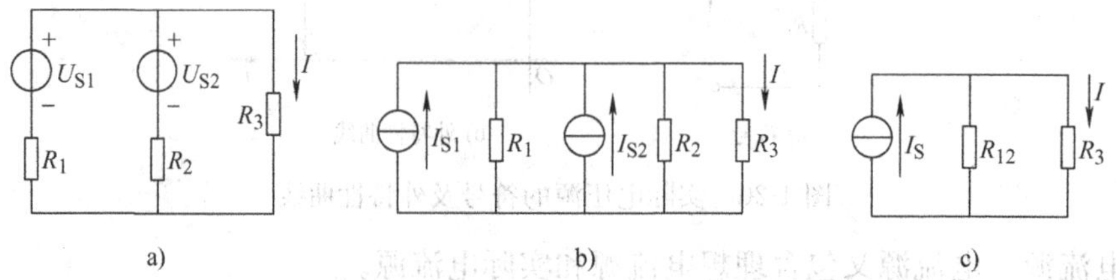

图 1-23 例 1.6 图

解：（1）将 U_{S1} 和 R_1、U_{S2} 和 R_2 化为电流源，如图 1-23b 所示，其中

$$I_{S1} = \frac{U_{S1}}{R_1} = \frac{20}{10}A = 2A$$

$$I_{S2} = \frac{U_{S2}}{R_2} = \frac{10}{10}A = 1A$$

（2）将 I_{S1} 与 I_{S2} 合并，R_1 与 R_2 合并，如图 1-23c 所示，其中

$$I_S = I_{S1} + I_{S2} = 2A + 1A = 3A$$

$$R_{12} = R_1 /\!/ R_1 = 10 /\!/ 10\Omega = 5\Omega$$

（3）用分流公式求电流 I，得

$$I = \frac{R_{12}}{R_{12} + R_3} I_S = \frac{5}{5 + 2.5} \times 3A = 2A$$

任务 1.2.3 基尔霍夫定律的应用

基尔霍夫定律是分析电路的又一重要的定律，它不仅可以解简单电路，还可以解复杂电路。

1. 几个名词

（1）支路　电路中至少含有一个电路元件且通过同一电流的分支称为支路。图 1-24 中有 6 条支路，即 ac、ab、bc、ad、bd、cd。

（2）节点　节点是三条或三条以上支路的汇集点。图 1-24 中有 4 个节点，即 a、b、c、d。

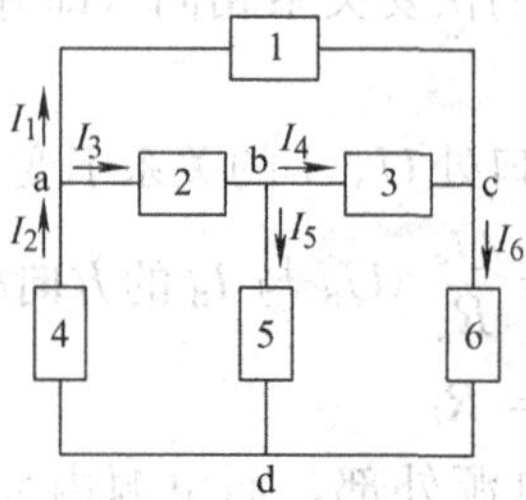

图 1-24 复杂电路

（3）回路　回路是由若干支路组成的闭合路径。图 1-24 中有 7 个回路，即 abca、abda、bcdb、acbda、acdba、abcda、acda。

（4）网孔　网孔是不含其他支路的最简单的回路。图 1-24 中有 3 个网孔，即 abca、abda、bcdb。

2. 基尔霍夫电流定律（KCL）

基尔霍夫电流定律可描述为：在电路中的任意时刻，通过一个节点电流的代数和等于零，即

$$\sum I=0 \tag{1-28}$$

在列基尔霍夫电流定律之前，要标出电流的参考方向。若流入节点的电流为正，流出该节点的电流则为负；若流入节点的电流为负，流出该节点的电流则为正。

图 1-24 中的 a 点，应用 KCL 则有

$$-I_1+I_2-I_3=0$$

3. 基尔霍夫电压定律（KVL）

基尔霍夫电压定律可描述为：在电路中的任意时刻，沿着任一回路绕行一周，所有元件上电压的代数和等于零，即

$$\sum U=0$$

在列基尔霍夫电压定律之前，要规定回路的绕行方向。若元件上电压的参考方向与绕行方向一致时，此电压取“+”；若元件上电压的参考方向与绕行方向相反，此电压取“−”。

图 1-24 中，列回路 abda 的 KVL 方程为

$$U_{ab}+U_{bd}+U_{da}=0$$

4. 基尔霍夫定律的应用——支路电流法

支路电流法是计算复杂电路的基本方法，它是以各支路电流为未知量来列方程的。设电路的支路数为 m，节点数为 n，则支路电流法的解题步骤为：

1）标出各支路电流的参考方向和回路的绕行方向；

2）应用基尔霍夫电流定律列 $n-1$ 个电流方程；

3）应用基尔霍夫电压定律列 $m-(n-1)$ 个电压方程；

4）联立方程组，求解各支路电流。

例 1.7　如图 1-25 所示的电路，已知 $U_{S1}=20\text{V}$，$U_{S2}=10\text{V}$，$R_1=R_2=10\Omega$，$R_3=2.5\Omega$，求各支路电流，并计算各元件上的功率及总功率。

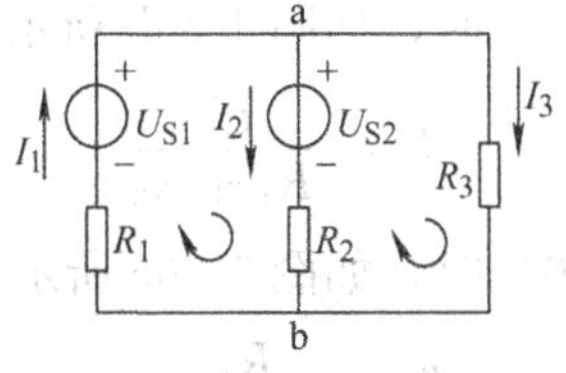

图 1-25　例 1.7 图

解：标出三条支路电流的参考方向，标出两个网孔的绕行方向，如图 1-25 所示，列方程：

$$\begin{cases}I_1-I_2-I_3=0\\-U_{S1}+U_{S2}+I_1R_1+I_2R_2=0\\-U_{S2}-I_2R_2+I_3R_3=0\end{cases}$$

代入数据

$$\begin{cases}I_1-I_2-I_3=0\\-20+10+10I_1+10I_2=0\\-10-10I_2+2.5I_3=0\end{cases}$$

解得

$$\begin{cases}I_1=1.5\text{A}\\I_2=-0.5\text{A}\\I_3=2\text{A}\end{cases}$$

U_{S1}上的功率：$P_{U_{S1}}=-U_{S1}I_1=-20\times1.5\text{W}=-30\text{W}$

U_{S2}上的功率：$P_{U_{S2}}=U_{S2}I_2=10\times(-0.5)\text{W}=-5\text{W}$

R_1 上的功率：$P_{R_1}=I_1^2R_1=1.5^2\times10\text{W}=22.5\text{W}$

R_2 上的功率：$P_{R_2}=I_2^2R_2=0.5^2\times10\text{W}=2.5\text{W}$

R_3 上的功率：$P_{R_3}=I_3^2R_3=2^2\times2.5\text{W}=10\text{W}$

总功率：$P=P_{U_{S1}}+P_{U_{S2}}+P_{R_1}+P_{R_2}+P_{R_3}=(-30)\text{W}+(-5)\text{W}+22.5\text{W}+2.5\text{W}+10\text{W}=0\text{W}$

任务 1.2.4 叠加定理的应用

叠加原理可表示为：对于线性电路，任何一条支路的电流（或电压），都可以看成是由电路中各个电源分别单独作用（其他电源不作用）时，在此支路中产生的电流（或电压）的代数和。

如图 1-26 所示，图 1-26a 分解成图 1-26b 和图 1-26c 的代数和。

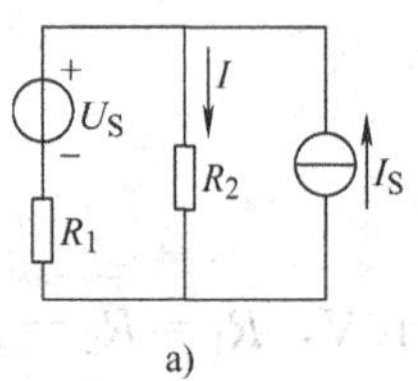

=

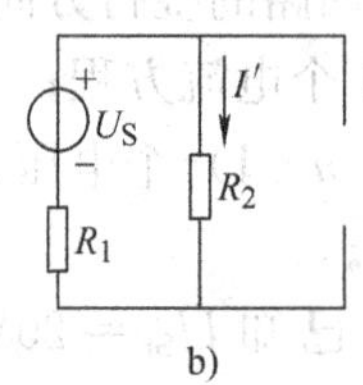

+

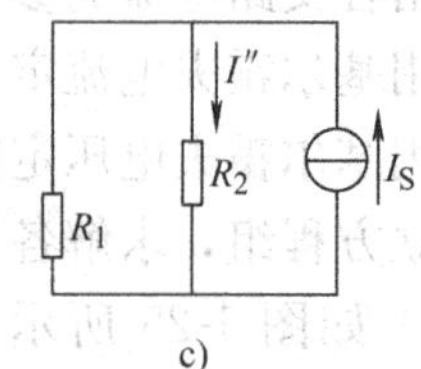

图 1-26 叠加定理

当电源 U_S 单独作用（即 $I_S=0$）时，如图 1-26b 所示，则

$$I'=\frac{U_S}{R_1+R_2}$$

当电源 I_S 单独作用（即 $U_S=0$）时，如图 1-26c 所示，则

$$I''=\frac{R_1}{R_1+R_2}I_S$$

所以图 1-26a 中 R_2 上的电流为

$$I=I'+I''$$

应用叠加定理时，应注意：

1）叠加定理只适用于求解线性电路，对于非线性电路是不适合的。

2）在叠加时，必须注意各个响应分量是代数和。

3）所谓其他电源不作用是指该电源参数为零，即$U_S=0$（电压源短路），$I_S=0$（电流源断路）。

4）叠加定理只能求解电压和电流，而不能用来计算功率。

例1.8　如图1-25所示的电路，已知$U_{S1}=20V$，$U_{S2}=10V$，$R_1=R_2=10\Omega$，$R_3=2.5\Omega$，用叠加定理求各支路上的电流。

解：（1）当U_{S1}单独作用时（将U_{S2}短路），如图1-27a所示，各支路的电流为

$$I_1'=\frac{U_{S1}}{R_1+R_2 /\!/ R_3}=\frac{20}{10+10 /\!/ 2.5}A=\frac{5}{3}A$$

$$I_2'=\frac{R_3}{R_2+R_3}I_1'=\frac{2.5}{10+2.5}\times\frac{5}{3}A=\frac{1}{3}A$$

$$I_3'=I_1'-I_2'=\frac{5}{3}A-\frac{1}{3}A=\frac{4}{3}A$$

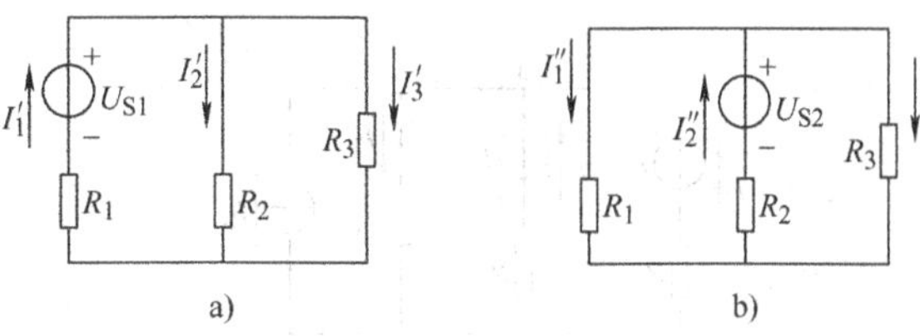

图1-27　例1.8图

（2）当U_{S2}单独作用时（将U_{S1}短路），如图1-27b所示，各支路的电流为

$$I_2''=\frac{U_{S2}}{R_2+R_1 /\!/ R_3}=\frac{10}{10+10 /\!/ 2.5}A=\frac{5}{6}A$$

$$I_1''=\frac{R_3}{R_1+R_3}I_2'=\frac{2.5}{10+2.5}\times\frac{5}{6}A=\frac{1}{6}A$$

$$I_3''=I_2''-I_1''=\frac{5}{6}A-\frac{1}{6}A=\frac{2}{3}A$$

（3）叠加，与原图中电流的方向相同为正，反之为负，则电流为

$$I_1=I_1'-I_1''=\frac{5}{3}A-\frac{1}{6}A=1.5A$$

$$I_2=I_2'-I_2''=\frac{1}{3}A-\frac{5}{6}A=-0.5A$$

$$I_3=I_3'+I_3''=\frac{4}{3}A+\frac{2}{3}A=2A$$

任务1.2.5　节点电压法的应用

节点电压法是以电路电压为未知量来分析电路的一种方法。对于多节点的电路，用节点电压法较为复杂，但对于两个节点的电路，应用节点电压法（此时称为弥尔曼定律）较为简单，具体的解题步骤为：

1）在两个节点中确定一个参考点（用 o 表示），另一个点 a 为节点。

2）列写 a 点与 o 点之间的电压：

$$U_{ao}=\frac{\sum\frac{U_S}{R}+\sum I_S}{\sum\frac{1}{R}} \tag{1-29}$$

式中，$\sum\frac{U_S}{R}$是所有支路电压源的电压除以本支路电阻的代数和：当 U_S 的正极接到节点 a 时取“+”，反之取“−”；$\sum I_S$ 是所有支路电流源的电流的代数和：当 I_S 的流入节点 a 时取“+”，反之取“−”；$\sum\frac{1}{R}$是所有支路电阻倒数之和。

3）用欧姆定律求解各支路电流。

例 1.9 如图 1-28 所示的电路，已知 $U_{S1}=30V$，$U_{S2}=10V$，$R_1=R_2=R_3=10\Omega$，$I_S=1A$，用弥尔曼定律求各支路电流。

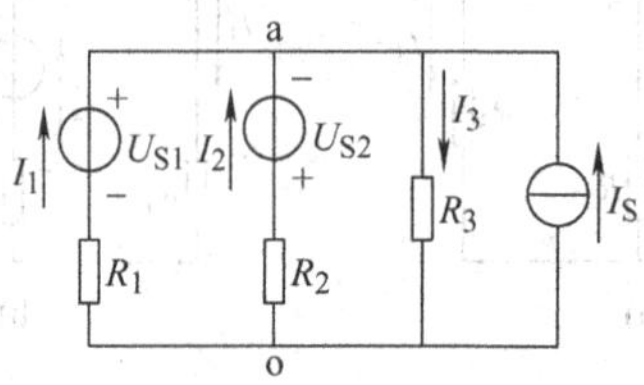

图 1-28 例 1.9 图

解：（1）选择参考点 o 及节点 a，如图 1-28 所示。

（2）求电压 U_{ao}；

$$U_{ao}=\frac{\frac{U_{S1}}{R_1}-\frac{U_{S2}}{R_2}+I_S}{\frac{1}{R_1}+\frac{1}{R_2}+\frac{1}{R_3}}=\frac{\frac{30}{10}-\frac{10}{10}+1}{\frac{1}{10}+\frac{1}{10}+\frac{1}{10}}V=10V$$

（3）用欧姆定律求解各支路电流。

由 $U_{ao}=U_{S1}-I_1R_1$ 得 $I_1=\frac{U_{S1}-U_{ao}}{R_1}=\frac{30-10}{10}A=2A$

由 $U_{ao}=-U_{S2}-I_2R_2$ 得 $I_2=\frac{-U_{S2}-U_{ao}}{R_1}=\frac{-10-10}{10}A=-2A$

$$I_3=\frac{U_{ab}}{R_3}=\frac{10}{10}A=1A$$

任务 1.2.6 戴维南定理的应用

在一个复杂的电路中，若只需要对某一条支路进行分析和计算，可以将该支路划分出来，进行单独的分析与计算。

戴维南定理指出：在线性有源二端电阻网络中，对其外部而言，都可以用电压源 U_{OC}

和电阻串联组合等效代替。该电压源的电压U_{OC}等于网络的开路电压；该电阻R_0等于网络内部所有独立源作用为零（即电压源短路，电流源断路）情况下的网络的等效电阻。如图1-29所示，图1-29a等效成图1-29b。

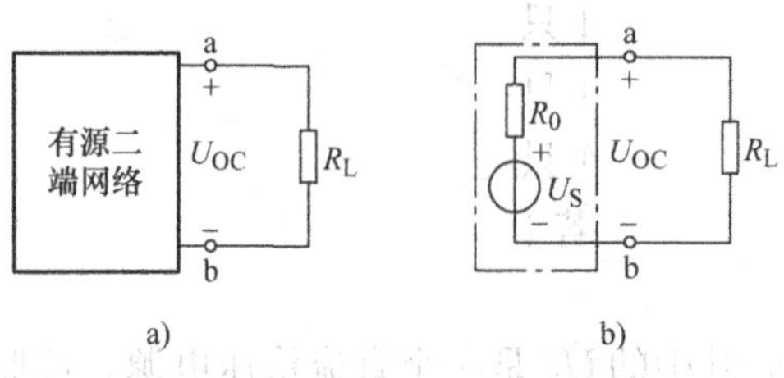

图1-29　戴维南定理

例1.10　如图1-30所示，已知$U_S=10V$，$I_S=1A$，$R_1=R_2=10\Omega$，用戴维南定理计算电流I_2。

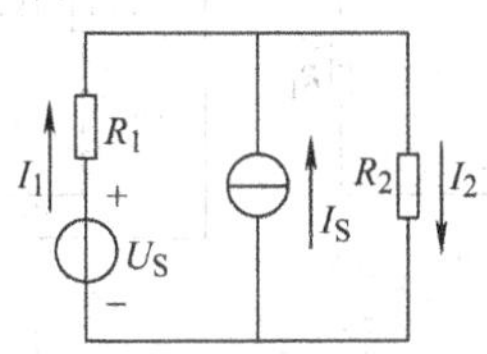

图1-30　例1.10题

解：（1）移开待求支路，如图1-31a所示。

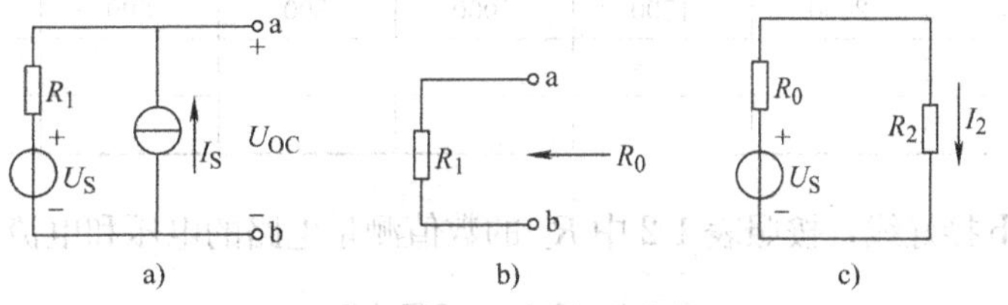

图1-31　求解例1.10

（2）求所剩有源二端网络的开路电压U_{OC}和等效电阻R_0：

$$U_{OC}=I_SR_1+U_S=1\times10V+10V=20V$$

（3）求所剩有源二端网络的等效电阻R_0，如图1-31b所示：

$$R_0=R_1=10\Omega$$

（4）画出等效图，接入待求支路，求I_2，如图1-31c所示：

$$I_2=\frac{U_S}{R_0+R_2}=\frac{20}{10+10}A=1A$$

模块1.3　技能训练

任务1.3.1　电源外特性的测定

1. 训练目的

1）理解电源的外特性。

2）掌握电源外特性的测试方法。

2. 训练仪器和设备

1）直流稳压电源　　1套

2）直流电压表　　1只

3）直流电流表　　1只

4）电阻箱　　1只

5）导线　　若干

3. 训练内容及步骤

1）按图1-32a接好线，其中的U_S是一个直流稳压电源，按照表1-1中R_L的数值测量电路的电压和电流，填入表1-1中。

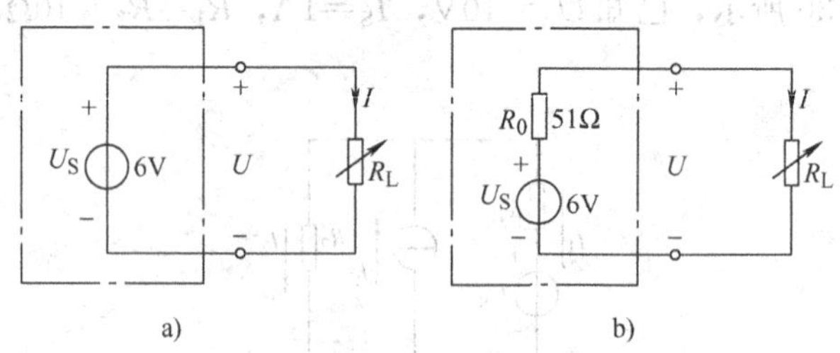

图1-32　电源外特性测量电路

表1-1　直流稳压电源的测试

R_L/Ω	∞	2000	1500	1000	800	500	300	200
U/V								
I/mA								

2）按图1-32b接好线，按照表1-2中R_L的数值测量电路的电压和电流，填入表1-2中。

表1-2　实际电压源的测试

R_L/Ω	∞	2000	1500	1000	800	500	300	200
U/V								
I/mA								

4. 实验报告

按照表1-1和表1-2中的数据，分别画出直流稳压电源和实际电压源的外特性曲线。

任务1.3.2　基尔霍夫定律的测试

1. 训练目的

1）加深对基尔霍夫定律的理解和应用。

2）学会用电流插头、插座测量各支路电流。

2. 训练仪器和设备

1）直流稳压电源　　1套

2）基尔霍夫定律训练模块　　1个

3）直流电压表　　　　1只
4）直流电流表　　　　1只
5）电流插头　　　　1个
6）导线　　　　若干

3. 训练内容及步骤

1）按图1-33接好线，将U_1接入6V的电源，U_2接入12V的电源。

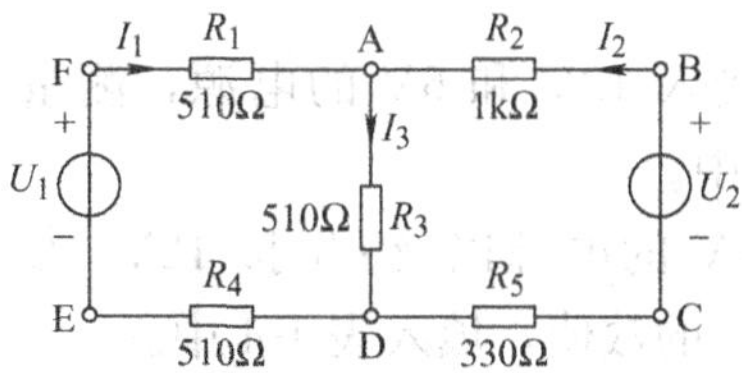

图1-33　基尔霍夫定律训练电路

2）用电流插头分别测量I_1、I_2、I_3，填入表1-3中的“测量值”一行。

表1-3　基尔霍夫定律测量数据

被测量	I_1/mA	I_2/mA	I_3/mA	U_1/V	U_2/V	U_{FA}/V	U_{AB}/V	U_{AD}/V	U_{CD}/V	U_{DE}/V
计算值										
测量值										
相对误差										

3）用直流电压表测量U_1、U_2、U_{FA}、U_{AB}、U_{AD}、U_{CD}、U_{DE}，填入表1-3中的“测量值”一行。

4. 实验报告

用基尔霍夫定律列方程求解I_1、I_2、I_3，并计算U_1、U_2、U_{FA}、U_{AB}、U_{AD}、U_{CD}、U_{DE}的数值，填入表1-3中的“计算值”一行，并计算相对误差。

任务1.3.3　叠加定理的测试

1. 训练目的

通过训练加深对线性电路叠加性的理解和认识。

2. 训练仪器和设备

1）直流稳压电源　　　　1套
2）叠加定理训练模块　　　　1个
3）直流电压表　　　　1只
4）直流电流表　　　　1只
5）电流插头　　　　1个
6）导线　　　　若干

3. 训练内容及步骤

1）按图1-34接好线，将U_2短接，U_1分别接入6V和12V的电源，测量I_1、I_2、I_3、U_{AB}、U_{CD}、U_{AD}、U_{DE}、U_{FA}的数值，填入表1-4中。

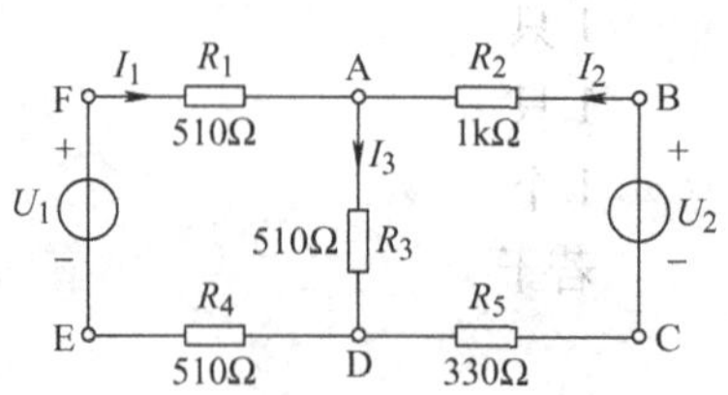

图 1-34　叠加定理训练电路

2）将U_1短接，U_2分别接入 12V 和 6V 的电源，测量I_1、I_2、I_3、U_{AB}、U_{CD}、U_{AD}、U_{DE}、U_{FA}的数值，填入表 1-4 中。

3）将U_1接 6V、U_2接 12V 的电源以及U_1接 12V、U_2接 6V 的电源，测量I_1、I_2、I_3、U_{AB}、U_{CD}、U_{AD}、U_{DE}、U_{FA}的数值，填入表 1-4 中。

表 1-4　叠加定理测量数据

项目 内容	U_1/V	U_2/V	I_1/mA	I_2/mA	I_3/mA	U_{AB}/V	U_{CD}/V	U_{AD}/V	U_{DE}/V	U_{FA}/V
U_1 单独作用	6	0								
	12	0								
U_2 单独作用	0	12								
	0	6								
U_1、U_2 共同作用	6	12								
	12	6								

4. 实验报告

用叠加定理计算U_1为 6V、U_2为 12V 时的I_1、I_2、I_3，并计算U_1、U_2、U_{FA}、U_{AB}、U_{AD}、U_{CD}、U_{DE}的数值。

任务 1.3.4　戴维南定理的测试

1. 训练目的

1）通过实验加深对戴维南定理的理解和应用。

2）掌握测量有源二端网络等效参数的一般方法。

2. 训练仪器和设备

1）直流稳压电源　　1 套

2）戴维南定理训练模块　　1 个

3）直流电压表　　1 只

4）直流电流表　　1 只

5）电阻箱　　1 个

6）可调电阻　　1 只

7）导线　　若干

3. 训练内容及步骤

戴维南定理训练电路如图 1-35 所示。

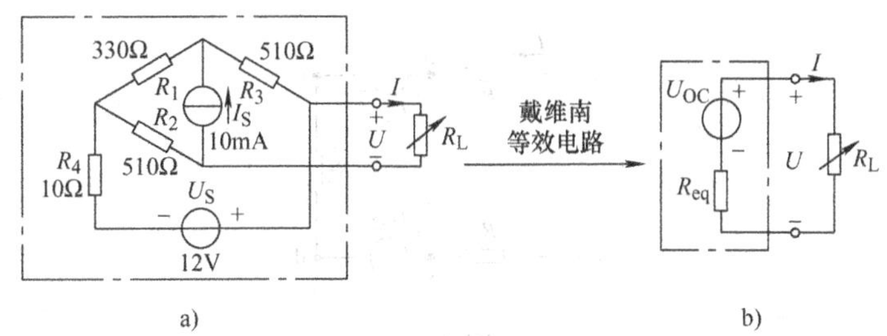

图 1-35　戴维南定理训练电路

(1) 用短路电流法测量有源二端网络的等效电阻 R_{eq} 按图 1-35a 接好线，在有源二端网络输出端开路状态下，用电压表直接测其输出端的开路电压 U_{OC}，然后再将其输出端短路，用电流表测其短路电流 I_{SC}，将测量数据填入表 1-5 中。同时计算等效电阻 $R_{eq}=\frac{U_{OC}}{I_{SC}}$，结果填入表 1-5 中。

表 1-5　开路电压 U_{OC}/V 和短路电流 I_{SC}/mA 的测量

U_{OC}/V	I_{SC}/mA	$R_{eq}=\frac{U_{OC}}{I_{SC}}/\Omega$

(2) 验证戴维南定理

① 等效前的测量。使负载电阻 R_L 分别为 0kΩ、0.1kΩ、0.3kΩ、0.7kΩ、1.1kΩ、1.3kΩ 时，测量其电压和电流，填入表 1-6 中的“等效前”一行中。

表 1-6　验证戴维南定理

R_L/kΩ		0	0.1	0.3	0.7	1.1	1.3
等效前	U/V						
	I/mA						
等效后	U/V						
	I/mA						

② 等效后的测量。按图 1-35 接好线，使 U_{OC} 和 R_{eq} 的值分别等于表 1-5 中的数值，再使负载电阻 R_L 分别为 0kΩ、0.1kΩ、0.3kΩ、0.7kΩ、1.1kΩ、1.3kΩ 时，测量其电压和电流，填入表 1-6 中的“等效后”一行中。

4. 实验报告

根据测量原理图，用戴维南定理计算负载为 100Ω 时的电流 I，并与测量值比较，情况如何?

习　　题

1.1　图 1-36 所示的电路中，已知 $U_{S1}=30V$，$U_{S2}=10V$，$R_1=R_2=R_3=10\Omega$，$I=1A$。求：(1) 各元件上的功率；(2) 若以 d 点为参考点，求各点的电位。

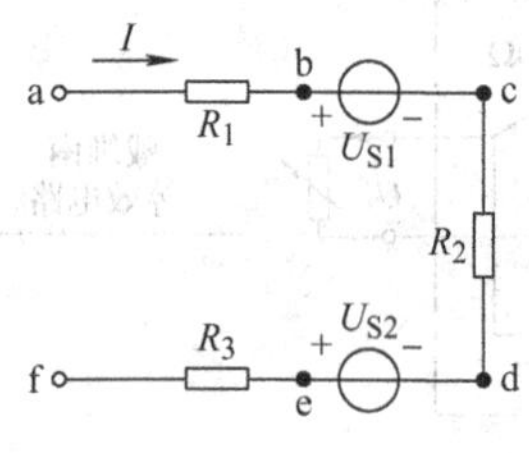

图 1-36

1.2　如图 1-37 所示，已知 $U_{S1}=50V$，$U_{S2}=30V$，$R_1=10\Omega$，$R_2=R_3=5\Omega$，求：(1) 电路中的电流 I；(2) 计算各元件上的功率，并判断是接收功率还是发出功率。

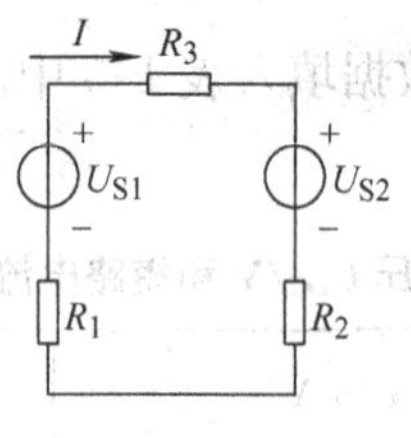

图 1-37

1.3　如图 1-38 所示，已知 $R_1=R_2=R_3=R_4=16\Omega$，求当开关 S 闭合和断开时的等效电阻 R_{ab}。

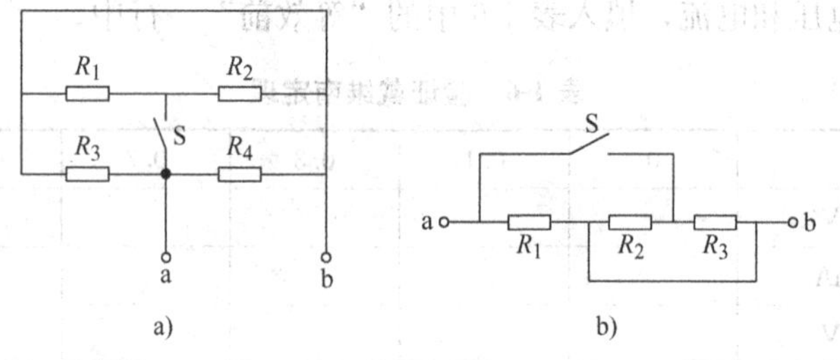

图 1-38

1.4　如图 1-39 所示，已知 $U_{S1}=5V$，$U_{S2}=10V$，$R_1=R_2=R_3=5\Omega$，分别用支路电流法、叠加定理、弥尔曼定律求各支路电流。

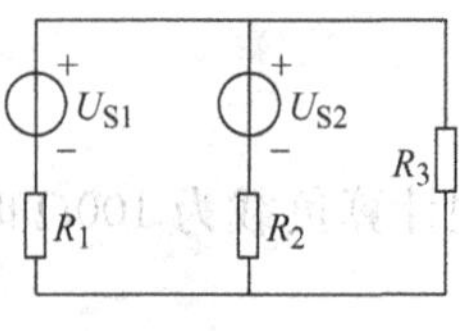

图 1-39

1.5　在上题中，分别用电源变换法、戴维南定理求 R_3 上的电流。

1.6　如图 1-40 所示，已知 $R_1=R_2=5\Omega$，$R_3=20\Omega$，$R_4=16\Omega$，$R_5=4\Omega$，$U_{S1}=2V$，$U_{S2}=18V$，$U_{S3}=6V$，求各支路电流。

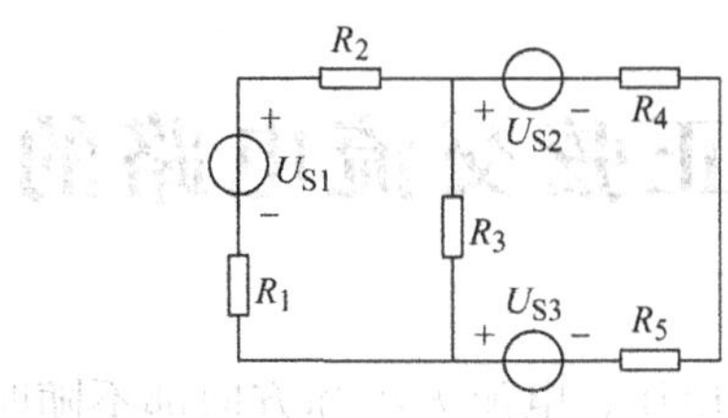

图 1-40

1.7　如图 1-41 所示，已知 $R_1=R_2=R_3=R_4=1\Omega$，$U_{S1}=U_{S2}=1V$，$I_S=1A$，求 R_4 上电流。

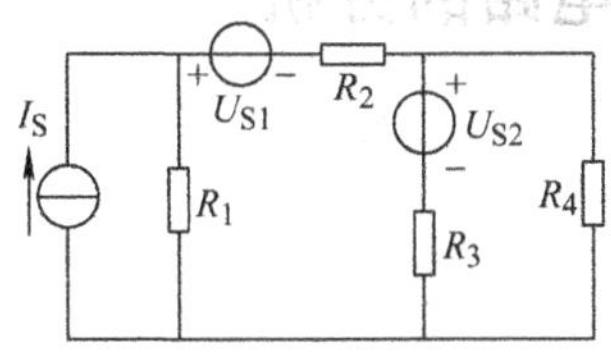

图 1-41

项目 2　正弦交流电路的测试

前面讲的电路都是直流电路（电压、电流大小和方向都不随时间的变化而变化），但在生产和生活中应用较多的是交流电，我们把大小和方向随时间的变化而变化的电压、电流称为交流电，交流电是按正弦规律变化的称为正弦交流电。

模块 2.1　单相正弦交流电路的分析

任务 2.1.1　正弦量的表示

1. 正弦量的三要素

图 2-1 为正弦交流电压的波形，该波形可用函数表达式(也称瞬时值表达式）表示为

$$u = U_{\mathrm{m}}\sin(\omega t + \theta_u) \tag{2-1}$$

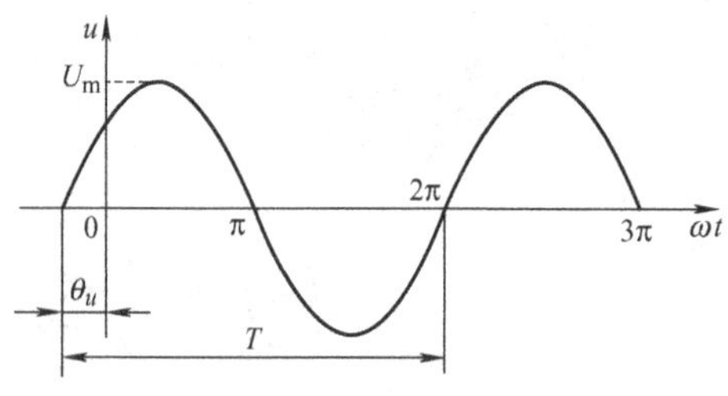

图 2-1　正弦交流电压的波形

由式(2-1) 可知，u 称为交流电的瞬时值；U_{m} 表示瞬时值中最大的值，称为振幅值（最大值、峰值）；ω 表示正弦量的角频率；θ_u 表示正弦量的初相角。我们把振幅值、角频率、初相角称为正弦量的三要素。

（1）振幅值（最大值、峰值）和有效值　振幅值（最大值、峰值）是指正弦量的瞬时值中的最大值。它是用大写字母加下标“m”表示，如 U_{m}、I_{m} 等。

有效值是指如果交流电（u、i）通过电阻 R 在一个周期内所产生的热量和直流量（U、I）通过同一电阻 R 在相同时间内所产生的热量相同，则这个直流量的数值就称为交流量的有效值，用大写字母表示，如 U、I 等。

直流电 I 通过电阻 R 在一个周期 T 内产生的热量为

$$Q_{直} = I^2RT$$

交流电 i 通过相同的电阻 R 在一个周期 T 内产生的热量为

$$Q_{交} = \int_0^T i^2R\mathrm{d}t$$

因为

$$Q_{直} = Q_{交}$$

所以

$$I^2RT = \int_0^T i^2R\mathrm{d}t$$

则交流电流的有效值 I 为　　$I=\sqrt{\frac{1}{T}\int_0^T i^2 \mathrm{d}t}$

同理，得到电压的有效值 U 为　　$U=\sqrt{\frac{1}{T}\int_0^T u^2 \mathrm{d}t}$

当电阻 R 上通以正弦交流电流 $i=I_{\mathrm{m}}\sin\omega t$，则

$$I=\sqrt{\frac{1}{T}\int_0^T i^2 \mathrm{d}t}=\sqrt{\frac{1}{T}\int_0^T (I_{\mathrm{m}}\sin\omega t)^2 \mathrm{d}t}=\frac{I_{\mathrm{m}}}{\sqrt{2}}=0.707I_{\mathrm{m}}$$

同理，得到电压的有效值 U 为

$$U=\frac{U_{\mathrm{m}}}{\sqrt{2}}=0.707U_{\mathrm{m}}$$

可见，正弦量的有效值是最大值的 0.707 倍。

(2) 角频率、频率、周期　角频率 ω 是表示正弦量在单位时间内变化的弧度值，单位为弧度/秒（rad/s）；频率 f 是单位时间内交流量变化的次数，单位为赫兹（Hz）；周期 T 是交流量变化一周所需要的时间，单位为秒（s）。

角频率、频率、周期的关系为

$$\omega=\frac{2\pi}{T}=2\pi f \tag{2-2}$$

例 2.1　已知我国提供电能的频率为 $f=50\mathrm{Hz}$（称为工频电），其周期和角频率分别是多少？

解：

$$T=\frac{1}{f}=\frac{1}{50}\mathrm{s}=0.02\mathrm{s}$$

$$\omega=2\pi f=2\pi\times 50\mathrm{rad/s}=314\mathrm{rad/s}$$

(3) 初相角　式(2-1) 中的 $\omega t+\theta_u$ 称为正弦量的相位角，简称相位。时间 $t=0$ 时的相位称为初相位，又称初相角或初相，用 θ 表示，规定 $|\theta|\leqslant 180°$。

图 2-2 为不同起点的正弦交流量的波形图，正弦量以零点为起点时，初相 $\theta=0$，如图 2-2a 所示；若起点在坐标原点的左边，初相 $\theta>0$，如图 2-2b 所示；若起点在坐标原点的右边，初相 $\theta<0$，如图 2-2c 所示。

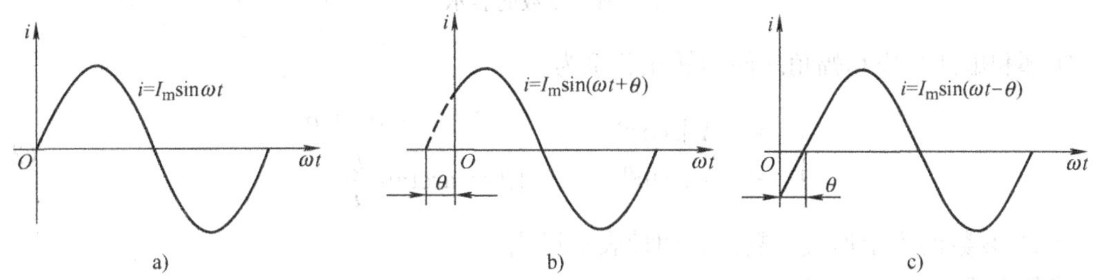

图 2-2　初相不同的正弦交流量的波形图

(4) 相位差　两个同频率的正弦量的相位之差称为相位差，用 φ 表示。因为正弦量的频率相同，所以相位差即为初相之差，即

$$\varphi=(\omega t+\theta_1)-(\omega t+\theta_2)=\theta_1-\theta_2$$

下面讨论正弦量的相位关系：

① $\varphi=\theta_1-\theta_2>0$，$u_1$ 比 u_2 先达到正的最大值，称 u_1 超前 u_2 或 u_2 滞后 u_1，如图 2-3a 所示。

② $\varphi=\theta_1-\theta_2=0$，$u_1$ 和 u_2 同时达到正的最大值，称 u_1 与 u_2 同相，如图 2-3b 所示。

③ $\varphi=\theta_1-\theta_2=\pi$，$u_1$ 达到正的最大值，而 u_2 达到负的最大值，称 u_1 与 u_2 反相，如图 2-3c所示。

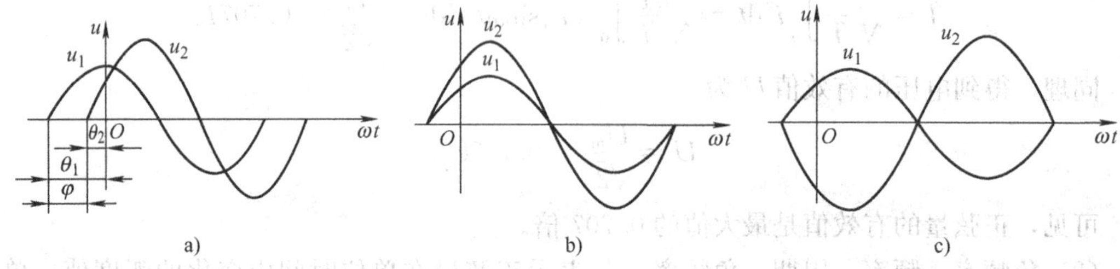

图 2-3　不同相位的正弦交流量的波形图

例 2.2　已知两正弦量的瞬时值表达式分别为 $u=100\sqrt{2}\sin(314t+40^\circ)$V，$i=5\sqrt{2}\sin(314t-30^\circ)$A，试求两个正弦量的三要素，并判断它们的相位关系。

解： 电压的振幅 $U_m=100\sqrt{2}$V，角频率 $\omega=314$rad/s，初相角 $\theta_u=40^\circ$。

电流的振幅 $I_m=5\sqrt{2}$A，角频率 $\omega=314$rad/s，初相角 $\theta_i=-30^\circ$。

相位差 $\varphi=\theta_u-\theta_i=40^\circ-(-30^\circ)=70^\circ$，所以电压超前电流 70°。

2. 复数及其四则运算

（1）复数　如图 2-4 所示，A 为复平面中的一个复数，a 是它的实部，b 是虚部，θ 为幅角，$|A|$ 为模，则复数 $A=a+\mathrm{j}b=|A|\angle\theta$。

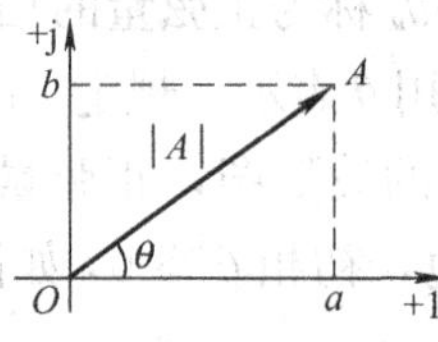

图 2-4　复数的表示

实部和虚部与模和幅角之间的转化关系为

$$\begin{cases}a=|A|\cos\theta\\ b=|A|\sin\theta\end{cases}\qquad\begin{cases}|A|=\sqrt{a^2+b^2}\\ \theta=\arctan\dfrac{b}{a}\end{cases}\tag{2-3}$$

（2）复数的表示形式　复数有四种表示形式。

代数形式：$A=a+\mathrm{j}b$

三角形式：$A=|A|(\cos\theta+\mathrm{j}\sin\theta)$

指数形式：$A=|A|e^{\mathrm{j}\theta}$

极坐标形式：$A=|A|\angle\theta$

例 2.3　写出复数 $A=10\angle 60^\circ$ 的三角形式和代数形式。

解： 三角形式　$A=10(\cos 60^\circ+\mathrm{j}\sin 60^\circ)$

代数形式　$A = 10(\cos 60° + \mathrm{j}\sin 60°) = 10\left(\frac{1}{2} + \mathrm{j}\frac{\sqrt{3}}{2}\right) = 5 + \mathrm{j}5\sqrt{3}$

例 2.4　写出复数 $A = 3 - \mathrm{j}4$、$B = -4 + \mathrm{j}3$ 的极坐标形式。

解：
$$|A| = \sqrt{3^2 + (-4)^2} = 5$$
$$\theta = \arctan\frac{-4}{3} = -53.1° \text{或} 126.9°$$

因为在第四象限，所以 $\theta = -53.1°$，即 $A = 5\angle -53.1°$。
$$|B| = \sqrt{(-4)^2 + 3^2} = 5$$
$$\theta = \arctan\frac{3}{-4} = -36.9° \text{或} 143.1°$$

因为在第二象限，所以 $\theta = 143.1°$，即 $B = 5\angle 143.1°$。

(3) 复数的四则运算　复数加减运算是将实部与实部相加减，虚部与虚部相加减。复数乘除运算是将模与模相乘除，幅角相加减。

设 $A_1 = a_1 + \mathrm{j}b_1$，$A_2 = a_2 + \mathrm{j}b_2$，则 $A_1 \pm A_2 = (a_1 \pm a_2) + \mathrm{j}(b_1 \pm b_2)$
$$A_1 \cdot A_2 = |A_1| \cdot |A_2| \angle \theta_1 + \theta_2$$
$$\frac{A_1}{A_2} = \frac{|A_1|}{|A_2|} \angle \theta_1 - \theta_2$$

例 2.5　在上例中，计算 $A + B$ 和 $A \cdot B$ 的值。

解：
$$A + B = (3 - \mathrm{j}4) + (-4 + \mathrm{j}3) = -1 - \mathrm{j}$$
$$A \cdot B = 5\angle -53.1° \times 5\angle 143.1° = 25\angle 90°$$

3. 正弦量的相量表示法

用复平面上一个旋转矢量表示一个正弦量。设一个正弦量 $u = U_m\sin(\omega t + \theta)$，以直角坐标系的原点 O 点为原点，矢量的长度为正弦量的振幅值 U_m；矢量起始点与横轴正方向的夹角为正弦量的初相角 θ；矢量按逆时针方向旋转的角速度为正弦量的角频率 ω，如图 2-5 所示。

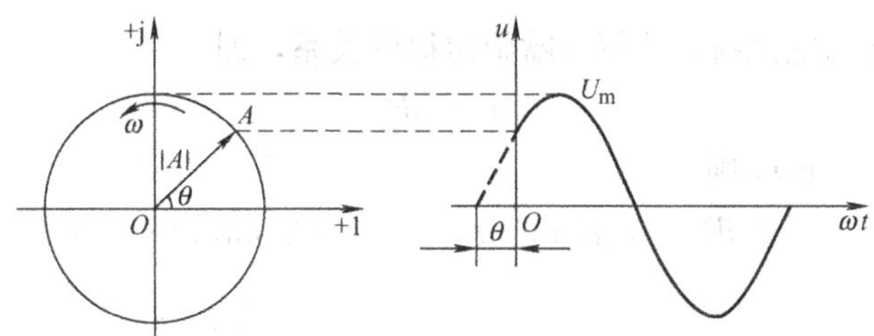

图 2-5　正弦量的相量表示

因为矢量可以用复数表示，所以正弦量也可以用复数表示。把表示正弦量的复数称为相量，用在大写字母上加“·”表示，则正弦量 $u = U_m\sin(\omega t + \theta)$ 可表示为
$$\dot{U} = U\angle\theta \tag{2-4}$$

画在复平面上表示相量的图形称为相量图。显然，只有同频率的正弦量可以画在一个复平面内。

例 2.6　已知 $u = 10\sqrt{2}\sin(314t - 60°)\mathrm{V}$，$i = 5\sqrt{2}\sin(314t + 30°)\mathrm{A}$，试写出电压、电流

的相量形式，并画出相量图。

解: $\dot{U} = 10\angle -60^\circ$ V　$\dot{I} = 5\angle 30^\circ$ A

相量图如图 2-6 所示。

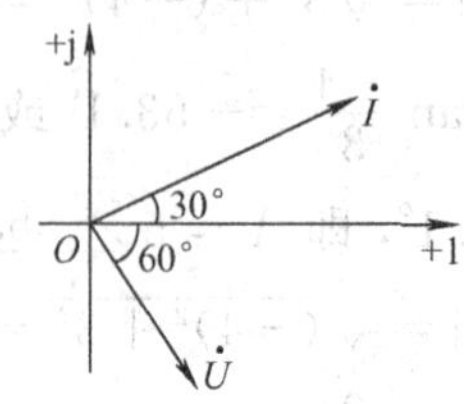

图 2-6　例 2.6 的相量图

例 2.7　在工频条件下，正弦量的相量形式为 $\dot{U} = 100\angle 60^\circ$ V，写出其函数表达式。

解: 因为 $f=50\text{Hz}$，所以 $\omega = 314\text{rad/s}$，则函数表达式为

$$u = 100\sqrt{2}\sin(314t + 60^\circ)\text{V}$$

任务 2.1.2　单一元件参数的测试

1. 正弦电路中电阻元件的测试

(1) 电阻元件上电压与电流的关系　当在电阻元件的两端加上正弦电压时，电阻中就会有电流流过，如图 2-7 所示。

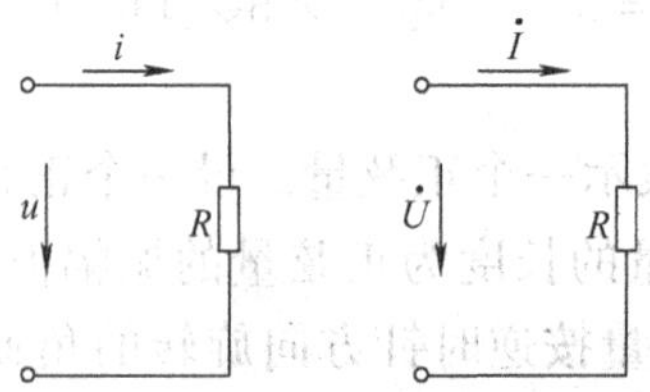

图 2-7　电阻元件加正弦交流电

电阻元件上电压与电流瞬时值符合欧姆定律的关系，即

$$u = iR$$

设 $i = I_m\sin(\omega t + \theta_i)$，则

$$u = iR = I_m R\sin(\omega t + \theta_i) = U_m\sin(\omega t + \theta_u) \tag{2-5}$$

由式(2-5) 得

$$U_m = I_m R \tag{2-6}$$

将上式电压和电流的振幅值同时除以 $\sqrt{2}$，得

$$U = IR \tag{2-7}$$

由式(2-5) 还可得

$$\theta_u = \theta_i \tag{2-8}$$

即电阻元件上电压与电流的相位关系是同相，其波形图如图 2-8a 所示。

因为电阻元件上电压与电流的瞬时值分别为 $u = U_m\sin(\omega t + \theta_u)$、$i = I_m\sin(\omega t + \theta_i)$，则对应的相量形式分别为

$$\dot{U}=U\angle\theta_u \qquad \dot{I}=I\angle\theta_i$$

有
$$\frac{\dot{U}}{\dot{I}}=\frac{U\angle\theta_u}{I\angle\theta_i}=\frac{U}{I}=R$$

即
$$\dot{U}=\dot{I}R \tag{2-9}$$

其相量图如图 2-8b 所示。

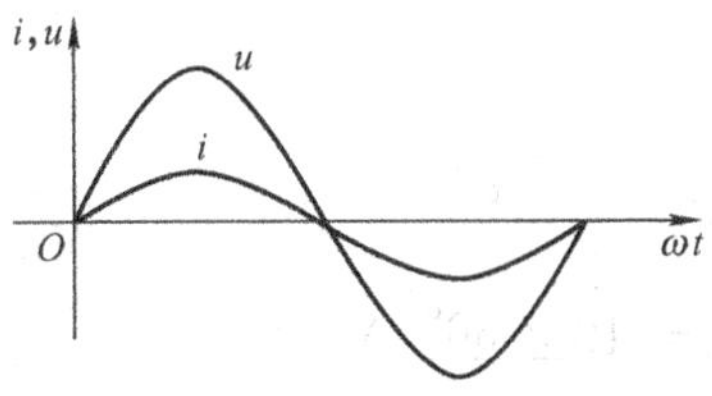

a) 电阻元件上电压与电流的波形图　　b) 电阻元件上电压与电流的相量图

图 2-8　电阻元件上电压与电流的关系

(2) 电阻元件的功率　电阻元件的功率包括瞬时功率和平均功率。

① 瞬时功率。在交流电路中，元件上电压与电流瞬时值的乘积称为该元件的瞬时功率，用小写字母 p 表示，即

$$p=ui \tag{2-10}$$

电阻元件上的瞬时功率为

$$p=ui=U_{\mathrm{m}}\sin\omega t I_{\mathrm{m}}\sin\omega t=U_{\mathrm{m}}I_{\mathrm{m}}\sin^2\omega t=\frac{U_{\mathrm{m}}I_{\mathrm{m}}}{2}(1-\cos2\omega t)=UI(1-\cos2\omega t)$$

电阻元件的瞬时功率波形如图 2-9 所示，由图和上式可知，电阻元件瞬时功率的频率是电压、电流频率的两倍，且 $p\geqslant0$，表示电阻元件是一个耗能元件。

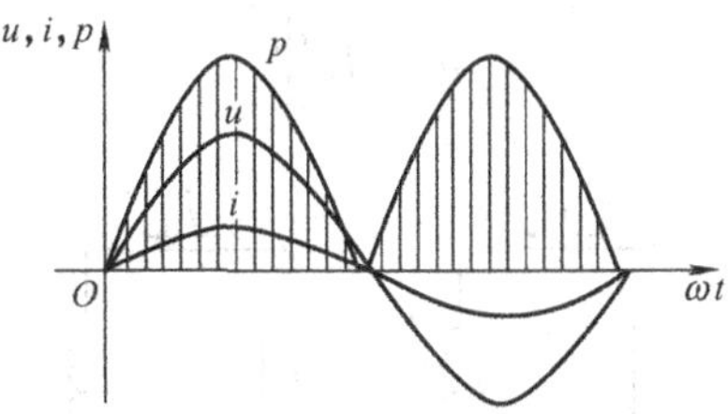

图 2-9　电阻元件的瞬时功率波形

② 平均功率。平均功率是指瞬时功率在一个周期内的平均值，也称有功功率，即

$$P=\frac{1}{T}\int_0^T p\mathrm{d}t$$

正弦电路中电阻元件上的有功功率为

$$P=\frac{1}{T}\int_0^T p\mathrm{d}t=\frac{1}{T}\int_0^T UI(1-\cos2\omega t)\mathrm{d}t=\frac{UI}{T}\left(\int_0^T 1\mathrm{d}t-\int_0^T\cos2\omega t\,\mathrm{d}t\right)=UI$$

由式(2-7) 可知

$$P = UI = I^2R = \frac{U^2}{R} \tag{2-11}$$

有功功率的单位为瓦（W）。

例 2.8 一电阻的阻值 $R=10\Omega$，将其加在电压为 $u=100\sqrt{2}\sin(314t+30°)\text{V}$ 的电源上，试求：

（1）通过电阻上电流的有效值和瞬时值；

（2）电阻上的有功功率；

（3）作电压和电流的相量图。

解：（1）电压的相量形式为 $\dot{U}=100\angle 30°\ \text{V}$

则
$$\dot{I}=\frac{\dot{U}}{R}=\frac{100\angle 30°}{10}\text{A}=10\angle 30°\ \text{A}$$

所以 $I=10\text{A}$，$i=10\sqrt{2}\sin(314t+30°)\text{A}$。

（2）$P=UI=100\times 10\text{W}=1000\text{W}$

（3）电压和电流的相量图如图 2-10 所示

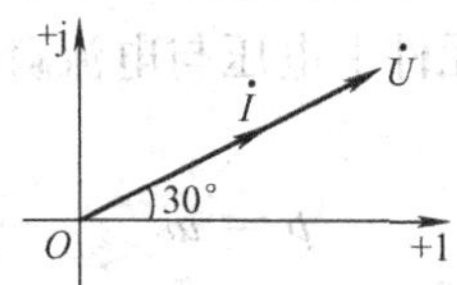

图 2-10 例 2.8 电压与电流的相量图

2. 正弦电路中电感元件的测试

（1）电感元件上电压与电流的关系 图 2-11 为电感元件的正弦交流电路，其瞬时电压与电流之间在关联参考方向下的关系为

$$u = L\frac{\mathrm{d}i}{\mathrm{d}t} \tag{2-12}$$

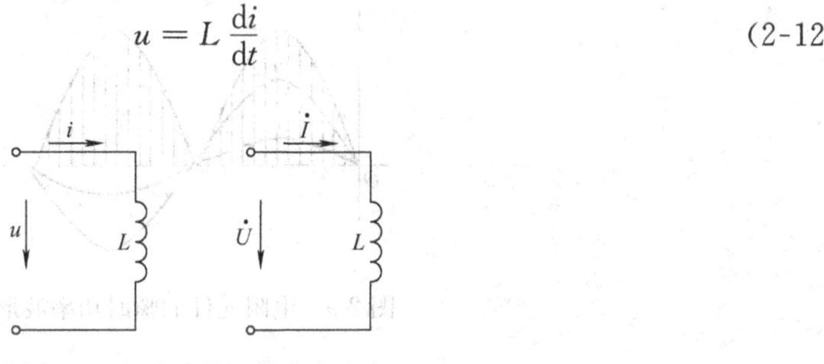

图 2-11 电感元件加正弦交流电

设 $i=I_m\sin(\omega t+\theta_i)$，则

$$\begin{aligned} u &= L\frac{\mathrm{d}i}{\mathrm{d}t} = L\frac{\mathrm{d}[I_m\sin(\omega t+\theta_i)]}{\mathrm{d}t} = \omega LI_m\cos(\omega t+\theta_i) \\ &= \omega LI_m\sin(\omega t+\theta_i+90°) = U_m\sin(\omega t+\theta_u) \end{aligned} \tag{2-13}$$

由式(2-13) 得

$$U_m = \omega LI_m \tag{2-14}$$

其中
$$X_L = \omega L = 2\pi f L \tag{2-15}$$

X_L 称为感抗，当 ω 的单位为 1/s，L 的单位为 H 时，X_L 的单位为 Ω。感抗是表示电感线圈对电流阻碍作用的一个物理量。感抗随着频率的降低而减小，当 $f = 0$（即直流电）时，$X_L = 0$，也就是说电感在直流电路中相当于短路。

式(2-14) 也可写成
$$U_\text{m} = I_\text{m} X_L \tag{2-16}$$

将上式电压和电流的振幅值同时除以 $\sqrt{2}$，得
$$U = I X_L \tag{2-17}$$

由式(2-13) 还可得
$$\theta_u = \theta_i + 90^\circ \tag{2-18}$$

即电感元件上电压超前电流 90°，其波形图如图 2-12a 所示。

因为电感元件上电压与电流的瞬时值分别为 $u = U_\text{m}\sin(\omega t + \theta_u)$、$i = I_\text{m}\sin(\omega t + \theta_i)$，则对应的相量形式分别为
$$\dot{U} = U\angle\theta_u \qquad \dot{I} = I\angle\theta_i$$

有
$$\frac{\dot{U}}{\dot{I}} = \frac{U\angle\theta_u}{I\angle\theta_i} = \frac{U}{I}\angle 90^\circ = \text{j}X_L$$

即
$$\dot{U} = \dot{I}\,\text{j}X_L \tag{2-19}$$

其相量图如图 2-12b 所示。

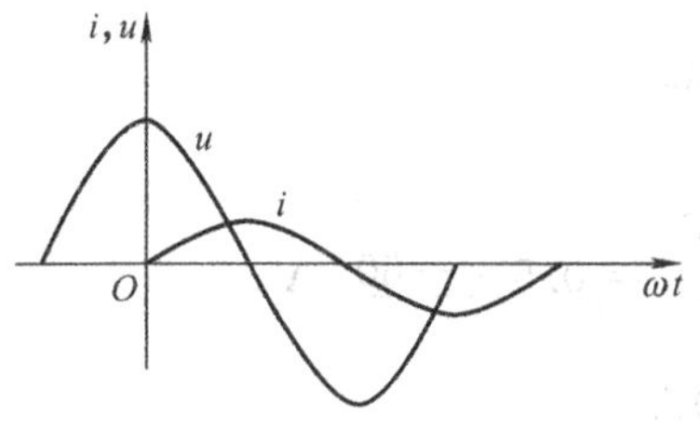

a) 电感元件上电压与电流的波形图

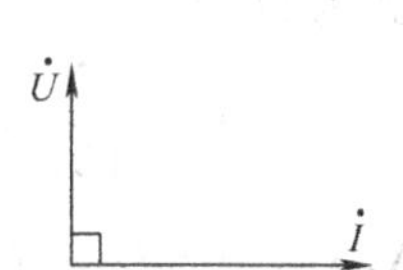

b) 电感元件上电压与电流的相量图

图 2-12　电感元件上电压与电流的关系

(2) 电感元件的功率　电感元件的功率包括瞬时功率、平均功率和无功功率。

① 瞬时功率。电感元件上的瞬时功率为
$$p = ui = U_\text{m}\sin(\omega t + 90^\circ) I_\text{m}\sin\omega t = U_\text{m} I_\text{m}\sin\omega t\cos\omega t = \frac{U_\text{m} I_\text{m}}{2}\sin 2\omega t = UI\sin 2\omega t$$

电感元件的瞬时功率波形如图 2-13 所示，由图 2-13 和上式可知，电感元件瞬时功率的频率是电压、电流频率的两倍。

② 平均功率。电感元件上的平均功率为
$$P = \frac{1}{T}\int_0^T p\,\text{d}t = \frac{1}{T}\int_0^T UI\sin 2\omega t\,\text{d}t = 0 \tag{2-20}$$

由图 2-13 和上式可知，在第一个和第三个 1/4 周期内，瞬时功率为正，电感元件从电源吸收功率；在第二个和第四个 1/4 周期内，瞬时功率为负，电感元件释放功率。在一个周

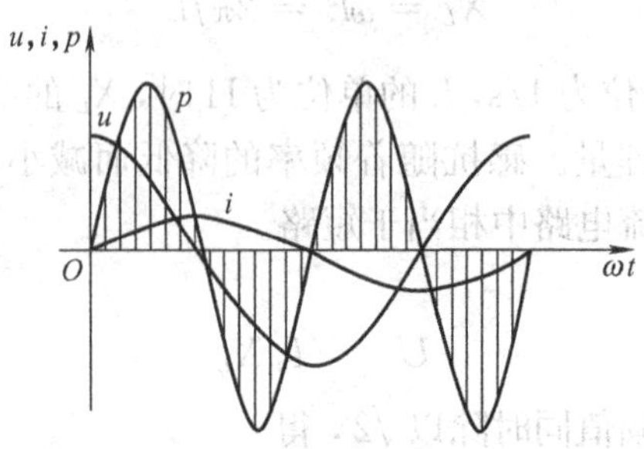

图 2-13　电感元件的瞬时功率波形

期内，吸收的功率和释放的功率相等，即平均功率为零，说明电感元件是一个储能元件。

③ 无功功率。电感元件上电压与电流有效值的乘积称为电感元件的无功功率，用 Q_L 表示，即

$$Q_L = UI = I^2 X_L = \frac{U^2}{X_L} \tag{2-21}$$

无功功率的单位为乏尔，简称乏，用 var 表示，工程上也用千乏（kvar）表示。

例 2.9　一电感量 $L=0.637\text{H}$ 的电感，接在电压为 $u=100\sqrt{2}\sin(314t+30°)\text{V}$ 的电源上，试求：

（1）通过电感上电流的有效值和瞬时值；

（2）电感上的有功功率和无功功率；

（3）作电压和电流的相量图。

解：（1）$X_L=\omega L=314\times 0.637\Omega\approx 200\Omega$

电压的相量形式为 $\dot{U}=100\angle 30°\ \text{V}$

则
$$\dot{I}=\frac{\dot{U}}{\text{j}X_L}=\frac{100\angle 30°}{200\angle 90°}=0.5\angle -60°\ \text{A}$$

所以 $I=0.5\text{A}$，$i=0.5\sqrt{2}\sin(314t-60°)\text{A}$。

（2）$P=0\text{W}$

$$Q_L=UI=100\times 0.5\text{var}=50\text{var}$$

（3）电压和电流的相量图如图 2-14 所示

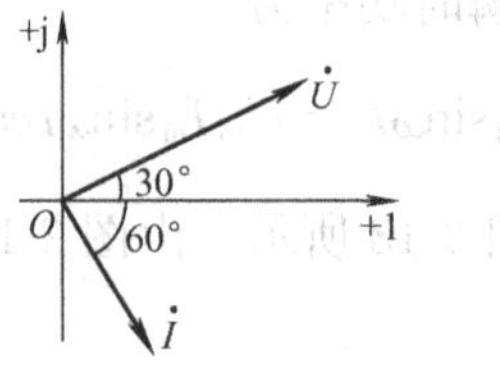

图 2-14　例 2.9 电压与电流的相量图

3. 正弦电路中电容元件的测试

（1）电容元件上电压与电流的关系　图 2-15 为电容元件的正弦交流电路，其瞬时电压与电流之间在关联参考方向下的关系为

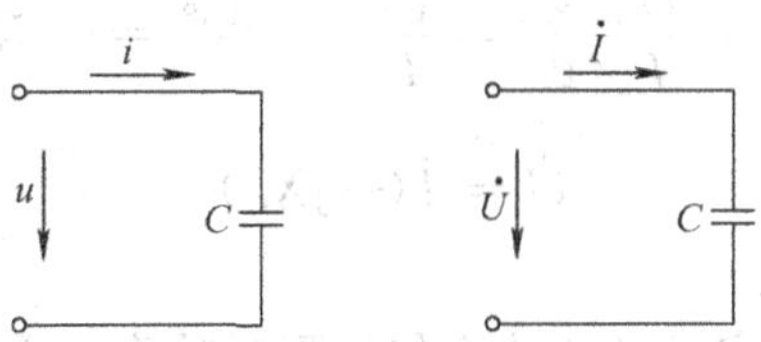

图 2-15　电容元件加正弦交流电

$$i = C\frac{\mathrm{d}u}{\mathrm{d}t} \tag{2-22}$$

设 $u = U_{\mathrm{m}}\sin(\omega t + \theta_u)$，则

$$i = C\frac{\mathrm{d}u}{\mathrm{d}t} = C\frac{\mathrm{d}[U_{\mathrm{m}}\sin(\omega t + \theta_u)]}{\mathrm{d}t} = \omega CU_{\mathrm{m}}\cos(\omega t + \theta_u)$$

$$= \omega CU_{\mathrm{m}}\sin(\omega t + \theta_u + 90^\circ) = I_{\mathrm{m}}\sin(\omega t + \theta_i) \tag{2-23}$$

由式(2-23) 得

$$U_{\mathrm{m}} = \frac{1}{\omega C}I_{\mathrm{m}} \tag{2-24}$$

其中

$$X_C = \frac{1}{\omega C} = \frac{1}{2\pi fC} \tag{2-25}$$

X_C 称为感抗，当 ω 的单位为 1/s，C 的单位为 F 时，X_C 的单位为 Ω。容抗是表示电容对电流阻碍作用的一个物流量。容抗随着频率的降低而增加，当 $f = 0$（即直流电）时，$X_C = \infty$，也就是说电容在直流电路中相当于断路（即开路）。

式(2-24) 也可写成

$$U_{\mathrm{m}} = I_{\mathrm{m}}X_C \tag{2-26}$$

将上式电压和电流的振幅值同时除以 $\sqrt{2}$，得

$$U = IX_C \tag{2-27}$$

由式(2-23) 还可得

$$\theta_u = \theta_i - 90^\circ \tag{2-28}$$

即电容元件上电压滞后电流 90°，其波形图如图 2-16a 所示。

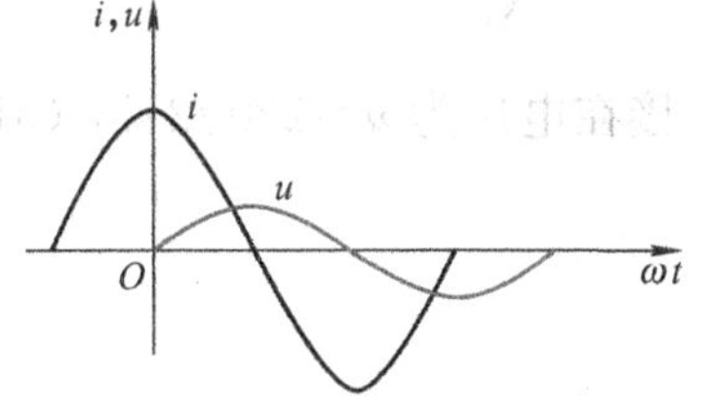

a) 电容元件上电压与电流的波形图

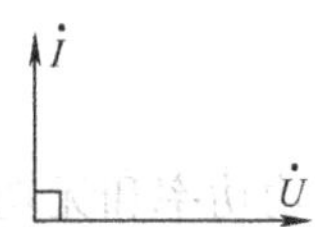

b) 电容元件上电压与电流的相量图

图 2-16　电容元件上电压与电流的关系

因为电容元件上电压与电流的瞬时值分别为 $u = U_{\mathrm{m}}\sin(\omega t + \theta_u)$、$i = I_{\mathrm{m}}\sin(\omega t + \theta_i)$，则对应的相量形式分别为

$$\dot{U} = U\angle\theta_u \qquad \dot{I} = I\angle\theta_i$$

有 $$\frac{\dot{U}}{\dot{I}}=\frac{U\angle\theta_u}{I\angle\theta_i}=\frac{U}{I}\angle-90^\circ=-\mathrm{j}X_C$$

即 $$\dot{U}=\dot{I}(-\mathrm{j}X_C) \tag{2-29}$$

其相量图如图 2-16b 所示。

（2）电容元件的功率　电容元件的功率包括瞬时功率、平均功率和无功功率。

① 瞬时功率。电容元件上的瞬时功率为

$$\begin{aligned}p&=ui=U_\mathrm{m}\sin\omega t I_\mathrm{m}\sin(\omega t+90^\circ)=U_\mathrm{m}I_\mathrm{m}\sin\omega t\cos\omega t\\&=\frac{U_\mathrm{m}I_\mathrm{m}}{2}\sin2\omega t=UI\sin2\omega t\end{aligned}$$

电容元件的瞬时功率波形如图 2-17 所示，由图和上式可知，电容元件瞬时功率的频率是电压、电流频率的两倍。

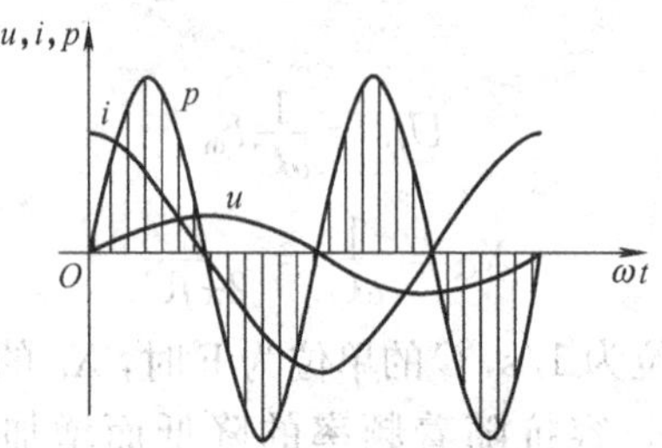

图 2-17　电容元件的瞬时功率波形

② 平均功率。电容元件的平均功率为

$$P=\frac{1}{T}\int_0^T p\mathrm{d}t=\frac{1}{T}\int_0^T UI\sin2\omega t\,\mathrm{d}t=0 \tag{2-30}$$

与电感元件一样，电容元件也是储能元件。

③ 无功功率。电容元件上的无功功率为电容元件上的电压与电流有效值的乘积，用 Q_C 表示，即

$$Q_C=UI=I^2X_C=\frac{U^2}{X_C} \tag{2-31}$$

例 2.10　一电容量 $C=15.924\mu\mathrm{F}$ 的电容，接在电压为 $u=220\sqrt{2}\sin(314t+30^\circ)\mathrm{V}$ 的电源上，试求：

（1）容抗；

（2）电容上的有功功率和无功功率。

解：(1) $X_C=\frac{1}{\omega C}=\frac{1}{314\times15.924\times10^{-6}}\Omega\approx200\Omega$

(2) $I=\frac{U}{X_L}=\frac{220}{200}\mathrm{A}=1.1\mathrm{A}$

$P=0\mathrm{W}$

$Q_C=UI=220\times1.1\mathrm{var}=242\mathrm{var}$

电阻、电感、电容元件各关系的比较见表 2-1。

表 2-1　电阻、电感、电容元件各关系比较

		电阻元件	电感元件	电容元件
电压与电流关系	大小关系	$u=iR$ $U_m=I_mR$ $U=IR$	$u=L\dfrac{di}{dt}$ $U_m=I_mX_L$ $U=IX_L$	$i=C\dfrac{du}{dt}$ $U_m=I_mX_C$ $U=IX_C$
	相量关系	$\dot{U}=\dot{I}R$	$\dot{U}=\dot{I}jX_L$	$\dot{U}=\dot{I}(-jX_C)$
	相位关系	$\theta_u=\theta_i$	$\theta_u=\theta_i+90°$	$\theta_u=\theta_i-90°$
相量图		$\dot{I}$ → $\dot{U}$（同相）	$\dot{U}$ 超前 $\dot{I}$ 90°	$\dot{I}$ 超前 $\dot{U}$ 90°
功率	有功功率	$P=UI=I^2R=\dfrac{U^2}{R}$	$P=0$	$P=0$
	无功功率	$Q_R=0$	$Q_L=UI=I^2X_L=\dfrac{U^2}{X_L}$	$Q_C=UI=I^2X_C=\dfrac{U^2}{X_C}$

任务 2.1.3　*RLC* 串联电路的测试

1. 电压与电流的关系

图 2-18 为电阻、电感、电容元件串联的交流电路，其相量图如图 2-19 所示。

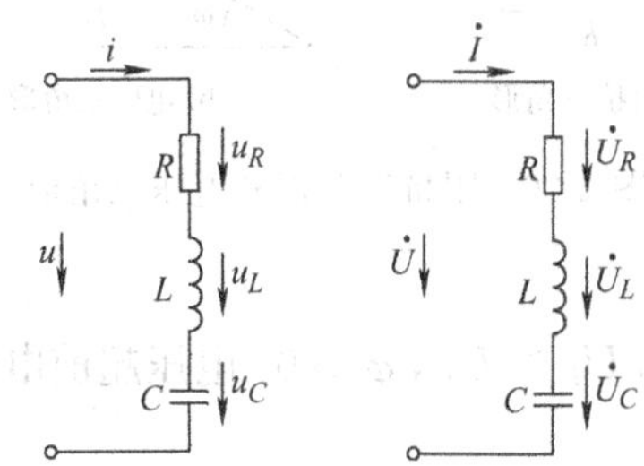

图 2-18　电阻、电感、电容元件串联的交流电路

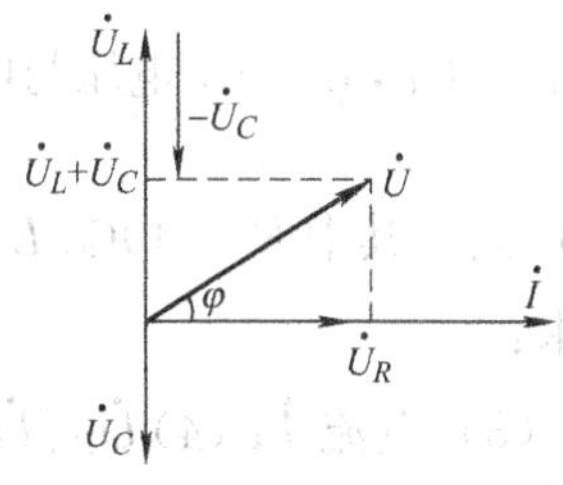

图 2-19　电阻、电感、电容元件串联交流电路的相量图

根据 KVL 可得

$$u=u_R+u_L+u_C \tag{2-32}$$

$$\dot{U}=\dot{U}_R+\dot{U}_L+\dot{U}_C \tag{2-33}$$

由于　　$\dot{U}_R=\dot{I}R\quad \dot{U}_L=\dot{I}jX_L\quad \dot{U}_C=\dot{I}(-jX_C)$

所以

$$\dot{U}=\dot{U}_R+\dot{U}_L+\dot{U}_C=\dot{I}R+\dot{I}\mathrm{j}X_L+\dot{I}(-\mathrm{j}X_C)$$
$$=\dot{I}[R+\mathrm{j}(X_L-X_C)]=\dot{I}[R+\mathrm{j}X]=\dot{I}Z$$

式中，$X=X_L-X_C$ 称为电抗（Ω）；Z 称为阻抗（Ω），则有

$$Z=R+\mathrm{j}(X_L-X_C)=|Z|\angle\varphi \tag{2-34}$$

其中

$$\begin{cases}|Z|=\sqrt{R^2+(X_L-X_C)^2}\\ \varphi=\arctan\dfrac{X_L-X_C}{R}\end{cases} \tag{2-35}$$

因此，$|Z|$、R、X_L-X_C 可以组成一个直角三角形，即阻抗三角形，如图 2-20a 所示。由图 2-19 可知，$\dot{U}$、$\dot{U}_R$、$\dot{U}_L+\dot{U}_C$ 也可组成一个直角三角形，即电压三角形，如图 2-20b所示，根据电压三角形可得

$$\begin{cases}U=\sqrt{U_R^2+(U_L-U_C)^2}\\ \varphi=\arctan\dfrac{U_L-U_C}{U_R}\end{cases} \tag{2-36}$$

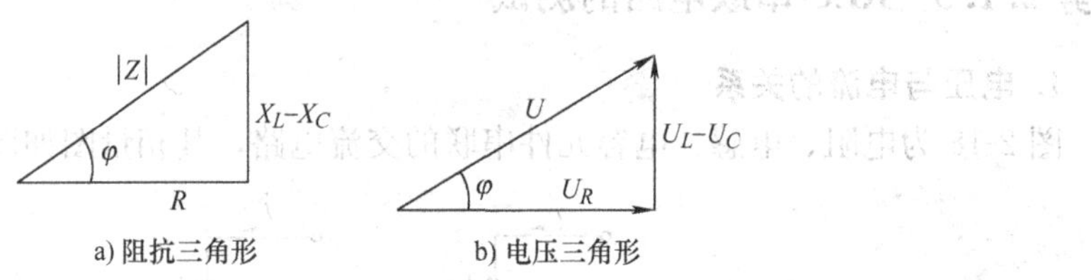

a) 阻抗三角形　　b) 电压三角形

图 2-20　阻抗三角形和电压三角形

2. 电路的性质

当 $X>0$ 时，即 $X_L>X_C$，$U_L>U_C$，$\varphi>0$，电压超前电流 φ 角，则此电路称为电感性电路；

当 $X<0$ 时，即 $X_L<X_C$，$U_L<U_C$，$\varphi<0$，电流超前电压 $|\varphi|$ 角，则此电路称为电容性电路；

当 $X=0$ 时，即 $X_L=X_C$，$U_L=U_C$，$\varphi=0$，电压与电流同相，则此电路称为电阻性电路，也称串联谐振。

例 2.11　有一 R、L、C 串联电路，其中 $R=40\Omega$、$L=60\text{mH}$、$C=33.3\mu\text{F}$，外加电压 $u=220\sqrt{2}\sin(1000t+30°)\text{V}$，试求：

(1) 电路的性质；(2) 阻抗；(3) 电流 $\dot{I}$；(4) $\dot{U}_R$、$\dot{U}_L$、$\dot{U}_C$；(5) 作电压和电流的相量图。

解：(1) $X_L=\omega L=1000\times60\times10^{-3}\Omega=60\Omega$

$$X_C=\frac{1}{\omega C}=\frac{1}{1000\times33.3\times10^{-6}}\Omega=30\Omega$$

因为 $X_L>X_C$，所以该电路为电感性电路。

(2) $Z=R+\mathrm{j}(X_L-X_C)=[40+\mathrm{j}(60-30)]\Omega=(40+\mathrm{j}30)\Omega=50\angle36.9°\ \Omega$

(3) $\dot{I}=\dfrac{\dot{U}}{Z}=\dfrac{220\angle30°}{50\angle36.9°}\text{A}=4.4\angle-6.9°\ \text{A}$

(4) $\dot{U}_R = \dot{I}R = 4.4\angle{-6.9°} \times 40\text{V} = 176\angle{-6.9°}\text{ V}$

$\dot{U}_L = \dot{I}\text{j}X_L = 4.4\angle{-6.9°} \times \angle{90°} \times 60\text{V} = 264\angle{83.1°}\text{ V}$

$\dot{U}_C = \dot{I}(-\text{j}X_C) = 4.4\angle{-6.9°} \times \angle{-90°} \times 30\text{V} = 132\angle{-96.9°}\text{ V}$

(5) 电压和电流的相量图如图 2-21 所示。

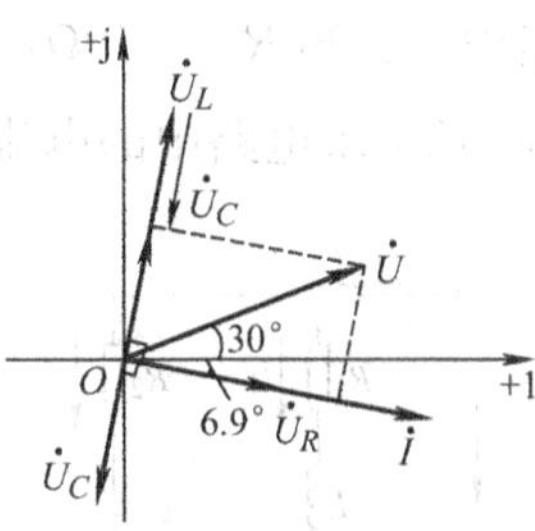

图 2-21　例 2.11 的相量图

任务 2.1.4　多阻抗串并联电路的测试

1. 阻抗的串并联

图 2-22 为多阻抗串并联的电路。

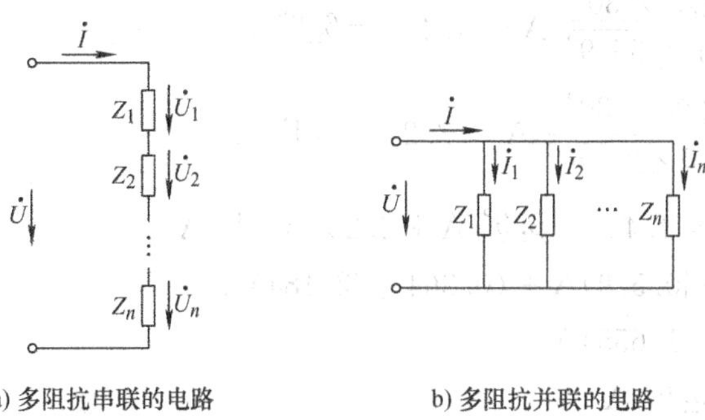

a) 多阻抗串联的电路　　b) 多阻抗并联的电路

图 2-22　多阻抗串并联的电路

在图 2-22a 中，由于 $\dot{U}_1 = \dot{I}Z_1$、$\dot{U}_2 = \dot{I}Z_2$、…、$\dot{U}_n = \dot{I}Z_n$，则

$$\dot{U} = \dot{U}_1 + \dot{U}_2 + \cdots + \dot{U}_n = \dot{I}Z_1 + \dot{I}Z_2 + \cdots + \dot{I}Z_n = \dot{I}(Z_1 + Z_2 + \cdots + Z_n) = \dot{I}Z$$

所以

$$Z = Z_1 + Z_2 + \cdots + Z_n \tag{2-37}$$

在图 2-22b 中，由于 $\dot{I}_1 = \dfrac{\dot{U}}{Z_1}$、$\dot{I}_2 = \dfrac{\dot{U}}{Z_2}$、…、$\dot{I}_n = \dfrac{\dot{U}}{Z_n}$，则

$$\dot{I} = \dot{I}_1 + \dot{I}_2 + \cdots + \dot{I}_n = \frac{\dot{U}}{Z_1} + \frac{\dot{U}}{Z_2} + \cdots + \frac{\dot{U}}{Z_n} = \dot{U}\left(\frac{1}{Z_1} + \frac{1}{Z_2} + \cdots + \frac{1}{Z_n}\right) = \frac{\dot{U}}{Z}$$

所以

$$\frac{1}{Z} = \frac{1}{Z_1} + \frac{1}{Z_2} + \cdots + \frac{1}{Z_n} \tag{2-38}$$

2. 基尔霍夫定律的相量形式

基尔霍夫电流定律的相量形式是指在任一瞬间通过电路中一节点（闭合面）的各电流的

瞬时值（或相量值）的代数和恒等于零，即

$$\sum i=0 \quad 或 \quad \sum \dot{I}=0 \tag{2-39}$$

基尔霍夫电压定律的相量形式是指电路中任何一个回路，按照一定的绕行方向，各元件上电压的瞬时值（或相量值）的代数和恒等于零，即

$$\sum u=0 \quad 或 \quad \sum \dot{U}=0 \tag{2-40}$$

例 2.12 在图 2-23 所示的电路中，已知 $R_1=40\Omega$，$R_2=60\Omega$，$X_L=30\Omega$，$X_C=80\Omega$，电源电压为 $u=220\sqrt{2}\sin(314t+30°)\text{V}$，求电路中的电流 i_1、i_2、i。

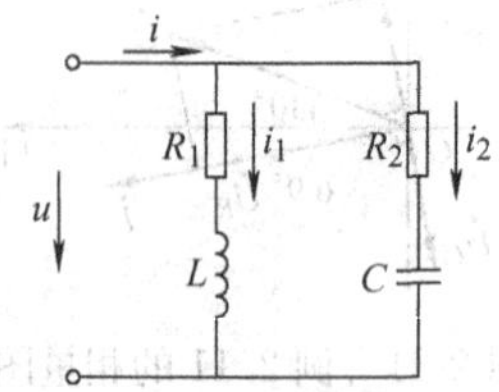

图 2-23　例 2.12 题图

解：$Z_1=R_1+\text{j}X_L=(40+\text{j}30)\Omega=50\angle 36.9°\ \Omega$

$Z_2=R_2-\text{j}X_C=(60-\text{j}80)\Omega=100\angle -53.1°\ \Omega$

$$\dot{I}_1=\frac{\dot{U}}{Z_1}=\frac{220\angle 30°}{50\angle 36.9°}\text{A}=4.4\angle -6.9°\ \text{A}$$

$$\dot{I}_2=\frac{\dot{U}}{Z_2}=\frac{220\angle 30°}{100\angle -53.1°}\text{A}=2.2\angle 83.1°\ \text{A}$$

$$\begin{aligned}\dot{I}&=\dot{I}_1+\dot{I}_2=4.4\angle -6.9°\ \text{A}+2.2\angle 83.1°\ \text{A}\\&=(4.368-\text{j}0.529)\text{A}+(0.364+\text{j}2.184)\text{A}\\&=(4.632+\text{j}1.655)\text{A}\\&=4.92\angle 19.6°\ \text{A}\end{aligned}$$

则　$i_1=4.4\sqrt{2}\sin(314t-6.9°)\text{A}$

$i_2=2.2\sqrt{2}\sin(314t+83.1°)\text{A}$

$i=4.92\sqrt{2}\sin(314t+19.6°)\text{A}$

任务 2.1.5　交流电路的功率认知

我们在前面已经分析过单一参数的功率，现在分析一下不是单一参数时的功率。

1. 瞬时功率 p

如图 2-24 所示，设通过负载 Z 上的电流为

$$i=\sqrt{2}I\sin\omega t$$

则电压为

$$u=\sqrt{2}U\sin(\omega t+\varphi)$$

其中 φ 为电压与电流的相位差，即 $\varphi=\theta_u-\theta_i$，当电压和电流为关联参考方向时，负载的瞬时功率为

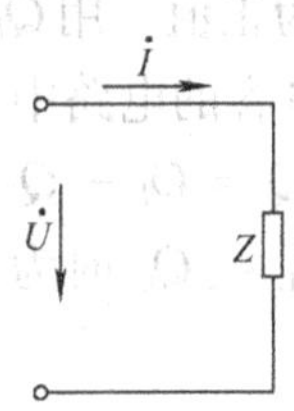

图 2-24　交流电路的功率

$$
\begin{aligned}
p = ui &= \sqrt{2}U\sin(\omega t+\varphi)\sqrt{2}I\sin\omega t = 2UI\sin(\omega t+\varphi)\sin\omega t \\
&= 2UI\,\frac{1}{2}[\cos(\omega t-\omega t-\varphi)-\cos(\omega t+\omega t+\varphi)] \\
&= UI[\cos\varphi-\cos(2\omega t+\varphi)]
\end{aligned}
$$

可见，瞬时功率是由恒定分量 $UI\cos\varphi$ 和正弦分量 $UI\cos(2\omega t+\varphi)$ 两部分组成，正弦分量的频率是电源频率的两倍。瞬时功率的波形图如图 2-25 所示。

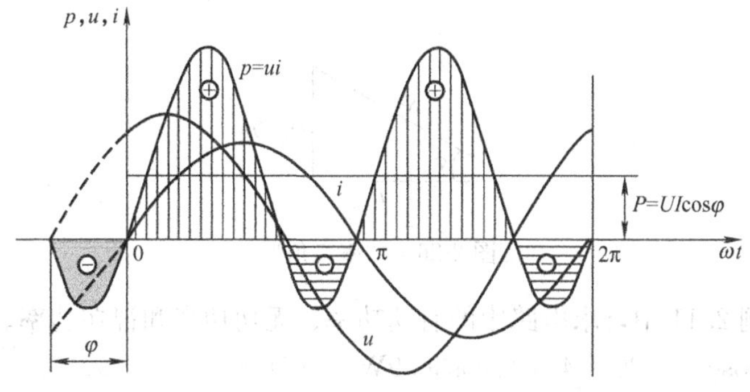

图 2-25　瞬时功率的波形图

2. 有功功率 P

我们把瞬时功率在一个周期内的平均值称为平均功率（或有功功率），即

$$
\begin{aligned}
P &= \frac{1}{T}\int_0^T p\mathrm{d}t = \frac{1}{T}\int_0^T UI[\cos\varphi-\cos(2\omega t+\varphi)]\mathrm{d}t \\
&= \frac{1}{T}\int_0^T (UI\cos\varphi)\mathrm{d}t - \frac{1}{T}\int_0^T [UI\cos(2\omega t+\varphi)]\mathrm{d}t \\
&= UI\cos\varphi
\end{aligned}
$$

故有
$$P = UI\cos\varphi = UI\lambda \tag{2-41}$$

式中，$\lambda=\cos\varphi$，称为功率因数，其中 φ 称为功率因数角，也是负载的阻抗角，即电压与电流的相位差。

由于电感和电容上的有功功率为零，所以有功功率的表达式还可以写成

$$P = U_R I = \frac{U_R^2}{R} = I^2R \tag{2-42}$$

3. 无功功率 Q

无功功率的计算式为

$$Q = UI\sin\varphi \tag{2-43}$$

对于电感性电路，$\varphi>0$，无功功率为正值，用Q_L表示；对于电容性电路，$\varphi<0$，无功功率为负值，用Q_C表示。在含有电感和电容的电路中，总的无功功率为两者的代数和，即

$$Q=Q_L-Q_C \tag{2-44}$$

显然，$Q_L>Q_C$时为电感性电路，$Q_L<Q_C$时为电容性电路。

4. 视在功率 S

视在功率的计算式为

$$S=UI \tag{2-45}$$

将式(2-41)和式(2-43)的两边同时二次方再相加，得到$U^2I^2=P^2+Q^2$，再由式(2-44)和式(2-45)得到

$$S=\sqrt{P^2+Q^2}=\sqrt{P^2+(Q_L-Q_C)^2} \tag{2-46}$$

视在功率的单位是伏安（V·A）或千伏安（kV·A）。

5. 功率三角形

由式(2-46)可知，S、P、Q_L-Q_C可构成一个直角三角形，即功率三角形，如图2-26所示。

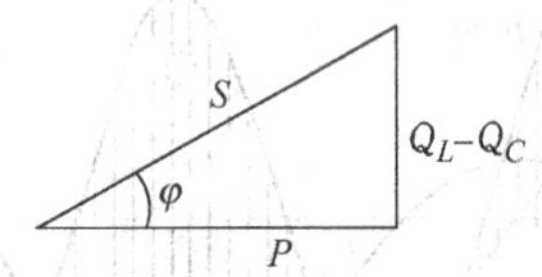

图2-26 功率三角形

例2.13 在例2.11中，求电路中的有功功率、无功功率和视在功率。

解： $P=UI\cos\varphi=220\times4.4\times\cos36.9\text{W}=774.4\text{W}$

$Q=UI\sin\varphi=220\times4.4\times\sin36.9^\circ\text{var}=580.8\text{var}$

$S=UI=220\times4.4\text{VA}=968\text{VA}$

任务2.1.6 提高电路的功率因数

1. 提高功率因数的意义

在交流电路中，一般负载多为电感性负载，例如交流感应电动机、荧光灯等，通常它们的功率因数较低（正常工作时为0.7～0.85，轻载时在0.5以下）。功率因数过低会引起以下后果：

（1）电源设备的容量得不到充分的利用　电源设备的容量即视在功率等于额定电压与额定电流的乘积，即$S=UI$，而电源设备发出的有功功率$P=UI\cos\varphi=S\cos\varphi$。因此，设备的功率因数过低，电源设备的容量就得不到充分的利用。

（2）增加了输电线上的电压降和功率损耗　从$P=UI\cos\varphi$可以看出，当P和U一定时，若$\cos\varphi$下降，电流I必然增大。由于输电线上的阻值R_0一定，而输电线上的电压降为$U_1=IR_0$，功率损耗为$P_1=I^2R_0$，所以输电线上的电压降和功率损耗也会随着电流的增加而增加。

2. 提高功率因数的方法

提高功率因数可以从两个方面考虑：一是改进电动机的运行条件，如合理选择电动机的

容量，使电动机工作在满载状态，或采用同步电动机等方法。另一种方法是采用人工补偿的方法，即在电感性电路中人为地加入电容性负载，以达到提高功率因数的目的。

图 2-27a 所示的电路中，因为 $P=UI\cos\varphi$，并联电容前后对功率 P 没有影响，但功率因数变化了，总电流也会发生变化。

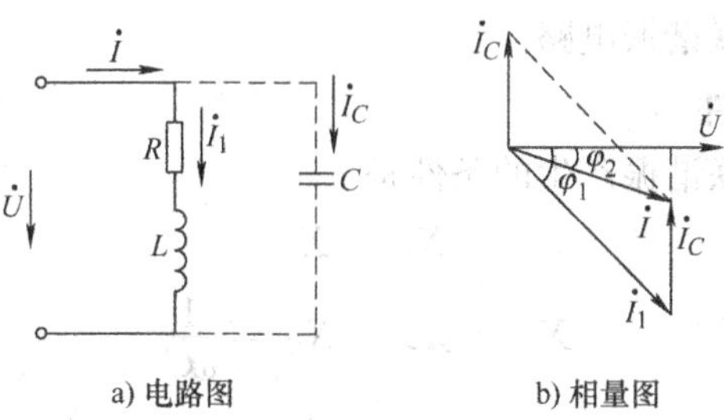

图 2-27　功率因数的提高

并联电容前：因为 $P=UI_1\cos\varphi_1$，则 $I_1=\dfrac{P}{U\cos\varphi_1}$

并联电容后：因为 $P=UI\cos\varphi_2$，则 $I=\dfrac{P}{U\cos\varphi_2}$

由图 2-27b 的相量图可知

$$I_C=I_1\sin\varphi_1-I\sin\varphi_2=\frac{P}{U}(\tan\varphi_1-\tan\varphi_2)$$

因为 $I_C=\dfrac{U}{X_C}=U\omega C$，代入上式得

$$C=\frac{P}{\omega U^2}(\tan\varphi_1-\tan\varphi_2) \tag{2-47}$$

又因为 $Q_C=\dfrac{U^2}{X_C}=\omega U^2$，则 $C=\dfrac{Q_C}{\omega U^2}$。

代入式(2-47) 可得

$$Q_C=P(\tan\varphi_1-\tan\varphi_2) \tag{2-48}$$

例 2.14　一电感性负载的功率 $P=100\text{W}$，电压 $U=220\text{V}$，电流 $I=0.75\text{A}$，$f=50\text{Hz}$，求：

(1) 此负载的功率因数是多少？

(2) 若将功率因数提高到 0.9，需并联电容的电容量 C 是多少？计算无功功率 Q_C 是多少？

解：(1) 由 $P=UI\cos\varphi$ 得

$$\cos\varphi=\frac{P}{UI}=\frac{100}{220\times0.75}=0.6$$

(2) 由 $\cos\varphi_1=0.6$，即 $\varphi_1=53°$，可得 $\tan\varphi_1=1.31$

由 $\cos\varphi_2=0.9$，即 $\varphi_2=26°$，可得 $\tan\varphi_2=0.487$

所以，$C=\dfrac{P}{\omega U^2}(\tan\varphi_1-\tan\varphi_2)=\dfrac{100}{2\pi\times50\times220^2}(1.31-0.487)\text{F}=5.4\mu\text{F}$

$$Q_C=P(\tan\varphi_1-\tan\varphi_2)=100(1.31-0.487)\text{var}=82.3\text{var}$$

任务 2.1.7 谐振电路的分析

谐振是正弦电路中的一种特殊现象，包括串联谐振和并联谐振，在此只介绍串联谐振。

前面讲过，在 RLC 串联电路中，当 $X=0$，即 $X_L=X_C$ 时，电压与电流同相，则此电路称为电阻性电路，又称串联谐振电路。

1. 串联谐振产生的条件

由上面分析可知，串联谐振产生的条件是

$$X_L = X_C \tag{2-49}$$

因为 $$X_L = \omega L \qquad X_C = \frac{1}{\omega C}$$

所以 $$\omega L = \frac{1}{\omega C} \tag{2-50}$$

通过改变 L、C、ω 中的任意一个参数，可以使电路产生或消除谐振。

(1) 当 L、C 固定时，可以改变角频率 ω 达到谐振 由式(2-50) 得

$$\omega_0 = \frac{1}{\sqrt{LC}} \tag{2-51}$$

即 $$f_0 = \frac{1}{2\pi\sqrt{LC}} \quad 或 \quad T_0 = 2\pi\sqrt{LC} \tag{2-52}$$

上式中的频率 f_0 是由电路的参数（L、C）决定的，反映了串联电路的固有性质，所以又称“固有频率”，ω_0 称为“固有角频率”。

例 2.15 在 RLC 串联电路中，当 $L=400\mu H$、$C=100pF$，求该电路发生谐振的频率。

解：$f_0 = \frac{1}{2\pi\sqrt{LC}} = \frac{1}{2\pi\sqrt{250\times10^{-6}\times150\times10^{-12}}}\text{Hz} = 796.18\text{kHz}$

(2) 当 L、ω 固定时，可以改变 C 达到谐振 由式(2-50) 得

$$C = \frac{1}{\omega^2 L} \tag{2-53}$$

调节 L、ω 的数值，可以改变 C，达到谐振状态。

(3) 当 C、ω 固定时，可以改变 L 达到谐振 由式(2-50) 得

$$L = \frac{1}{\omega^2 C} \tag{2-54}$$

调节 C、ω 的数值，可以改变 L，达到谐振状态。

2. 串联谐振的特性

1) 串联谐振时，感抗为

$$X_{L0} = \omega_0 L = \frac{1}{\sqrt{LC}}L = \sqrt{\frac{L}{C}} = \rho$$

容抗为 $$X_{C0} = \frac{1}{\omega_0 C} = \frac{1}{\frac{1}{\sqrt{LC}}C} = \sqrt{\frac{L}{C}} = \rho$$

由于 $X_L = X_C$，则

$$\rho = X_{L0} = X_{C0} = \sqrt{\frac{L}{C}} \tag{2-55}$$

式中，ρ 为特性阻抗（单位 Ω），是衡量电路特性的一个重要参数，其大小由参数 L、C 决定。

2）由于 $X_L = X_C$，故 $Z = R + \mathrm{j}(X_L - X_C) = R$，所以串联谐振时，阻抗最小，且为纯电阻。

3）因为阻抗 Z 最小，所以串联谐振时，电路中的电流最大，其值为

$$\dot{I} = \frac{\dot{U}}{Z} = \frac{\dot{U}}{R}$$

4）由于

$$\frac{U_{L0}}{U} = \frac{I\omega_0 L}{IR} = \frac{\omega_0 L}{R} = \frac{\rho}{R} = Q$$

$$\frac{U_{C0}}{U} = \frac{I\frac{1}{\omega_0 C}}{IR} = \frac{\frac{1}{\omega_0 C}}{R} = \frac{\rho}{R} = Q$$

又因为 $X_L = X_C$，故 $U_{L0} = U_{C0}$，即

$$U_{L0} = U_{C0} = QU \tag{2-56}$$

式中，Q 是品质因数。

模块 2.2 三相交流电路的分析

在电力系统中，三相制应用更为广泛，它主要是由三相电源、负载及导线组成。三相电源是由频率相同、振幅相同、相位差互为 120°的三个单相电压组成。

任务 2.2.1 三相交流电压的产生

三相电压是由三相发电机产生的，其结构示意图如图 2-28 所示。三个完全相同、空间位置互差 120°的绕组固定在发电动机的转子上，其中 U1、V1、W1 称为三相绕组的始端（或相头），U2、V2、W2 称为三相绕组的末端（或相尾）。当转子以角速度 ω 按逆时针方向旋转时，在三个绕组的两端产生频率相同、振幅相同、相位差互为 120°的正弦电压。规定电压的参考方向由绕组的始端指向末端，如图 2-29 所示。

若以 U 相为参考相量，则三相电压的瞬时值表达式为

$$\left.\begin{aligned} u_{\mathrm{U}} &= U_{\mathrm{m}}\sin\omega t \\ u_{\mathrm{V}} &= U_{\mathrm{m}}\sin(\omega t - 120°) \\ u_{\mathrm{W}} &= U_{\mathrm{m}}\sin(\omega t + 120°) \end{aligned}\right\} \tag{2-57}$$

三相正弦电压的相量表示为

$$\left.\begin{aligned} \dot{U}_{\mathrm{U}} &= U\angle 0° \\ \dot{U}_{\mathrm{V}} &= U\angle -120° \\ \dot{U}_{\mathrm{W}} &= U\angle 120° \end{aligned}\right\} \tag{2-58}$$

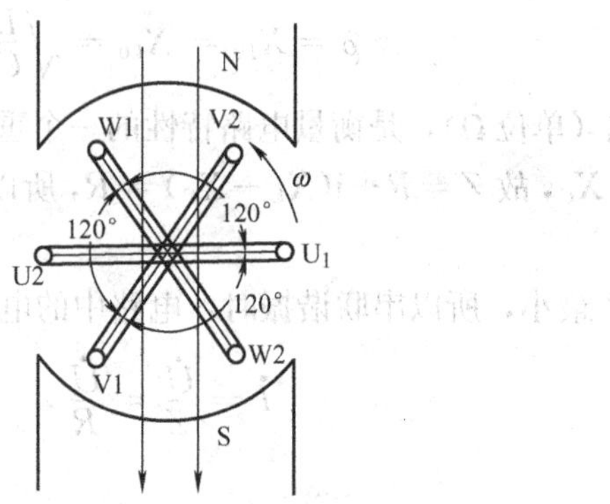

图 2-28　三相发电动机的结构示意图

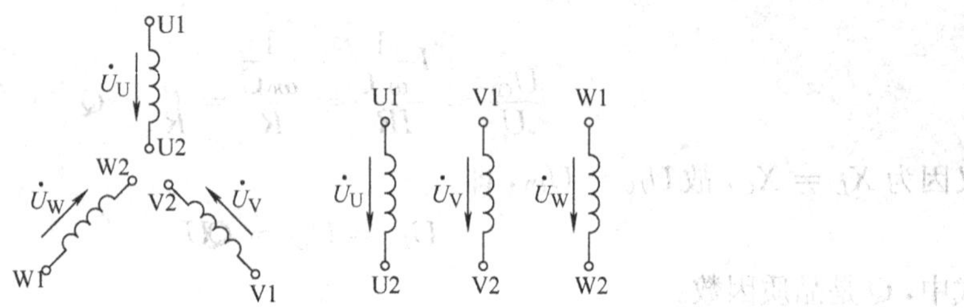

图 2-29　电压参考方向的规定

三相电压的波形图和相量图如图 2-30 所示。

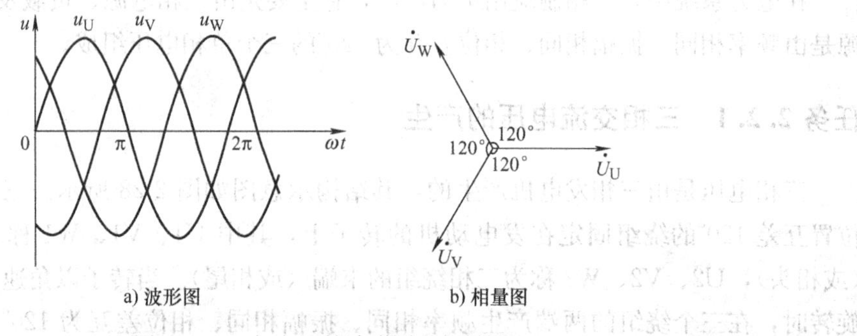

图 2-30　三相电压的波形图和相量图

从相量图可以看出，三相正弦电压的相量和为零，即

$$\dot{U}_\mathrm{U}+\dot{U}_\mathrm{V}+\dot{U}_\mathrm{W}=U\angle 0^\circ+U\angle -120^\circ+U\angle 120^\circ$$

$$=U\left(1-\frac{1}{2}-\mathrm{j}\frac{\sqrt{3}}{2}-\frac{1}{2}+\mathrm{j}\frac{\sqrt{3}}{2}\right)=0$$

从波形图可以看出，任意时刻三相正弦电压的瞬时值之和为零，即

$$u_\mathrm{U}+u_\mathrm{V}+u_\mathrm{W}=0$$

三相正弦量到达最大值（或零值）的先后次序称为相序。三相电压的相序是由发电机转子的旋转方向决定的。当转子按逆时针方向旋转时，三相电压是按 U—V—W—U 的次序循环的，此时的相序称为顺序（或正序）；当转子按顺时针方向旋转时，三相电压是按 U—

W—V—U 的次序循环的，此时的相序称为逆序（或负序）。一般的三相电压都是正序。工程中用黄、绿、红三种颜色表示 U 相、V 相、W 相。

任务 2.2.2　三相电源的连接

三相电源的连接方式有星形（Y）联结和三角形（△）联结两种，一般采用星形联结。

1. 三相电源的星形（Y）联结

把三相电源的三个末端 U2、V2、W2 连接在一起，成为公共点 N，三个始端 U1、V1、W1 分别引出三个导线，这样的接法称为星形联结，如图 2-31 所示。

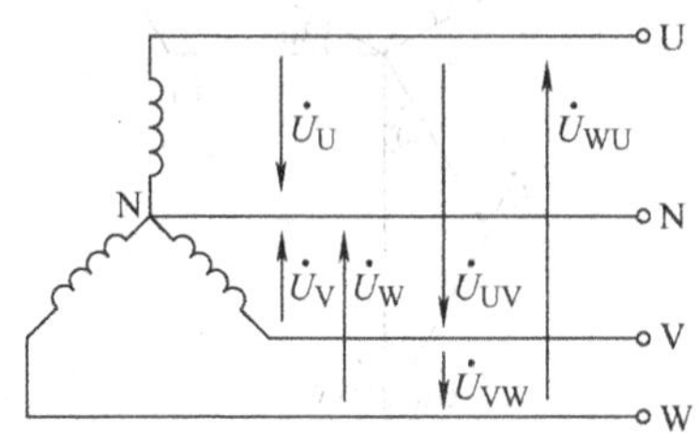

图 2-31　三相电源的Y联结

（1）几个名词

① 端线（相线）。由始端 U1、V1、W1 引出的三个导线称为端线（相线），俗称火线。

② 中性点（零点）。由末端 U2、V2、W2 连接在一起的点 N 称为中性点（零点）。

③ 中性线（零线）。由中性点 N 引出的导线称为中性线（零线），中性线接地时称为地线。若电路中有中性线，则称为三相四线制星形联结；若无中性线，则称为三相三线制星形联结。

④线电压。两根端线之间的电压称为线电压，用 $\dot{U}_{UV}$、$\dot{U}_{VW}$、$\dot{U}_{WU}$ 表示，泛指时用 $\dot{U}_l$ 表示。

⑤相电压。相电压是指端线与中性线之间的电压，或从始端到末端的电压，用 $\dot{U}_U$、$\dot{U}_V$、$\dot{U}_W$ 表示，泛指时用 $\dot{U}_p$ 表示。

（2）线电压与相电压之间的关系　由图 2-31 可知，三相线电压与相电压之间的关系为

$$\left.\begin{aligned}\dot{U}_{UV}&=\dot{U}_U-\dot{U}_V\\\dot{U}_{VW}&=\dot{U}_V-\dot{U}_W\\\dot{U}_{WU}&=\dot{U}_W-\dot{U}_U\end{aligned}\right\}\tag{2-59}$$

上式表明，在星形联结的电路中，线电压的相量等于相应相电压的相量之差。

由于三相发电机是对称的，所以在一般情况下三相电压也是对称的，即

$$\begin{aligned}\dot{U}_{UV}&=\dot{U}_U-\dot{U}_V=U\angle 0^\circ-U\angle -120^\circ\\&=U\left[1-\left(1-\frac{1}{2}-\mathrm{j}\frac{\sqrt{3}}{2}\right)\right]=U\left(\frac{3}{2}+\mathrm{j}\frac{\sqrt{3}}{2}\right)=\sqrt{3}\,\dot{U}_U\angle 30^\circ\end{aligned}$$

同理可得

$$\dot{U}_{VW}=\sqrt{3}\,\dot{U}_V\angle 30^\circ$$

$$\dot{U}_{WU}=\sqrt{3}\,\dot{U}_W\angle 30^\circ$$

即
$$\dot{U}_l=\sqrt{3}\,\dot{U}_p\angle 30^\circ \tag{2-60}$$

也就是说，当三相电源对称时，线电压的有效值等于相电压有效值的$\sqrt{3}$倍，线电压的相位超前相应相电压的相位30°。三相对称电源线电压与相电压之间的关系，也可从图2-32的相量图看出。

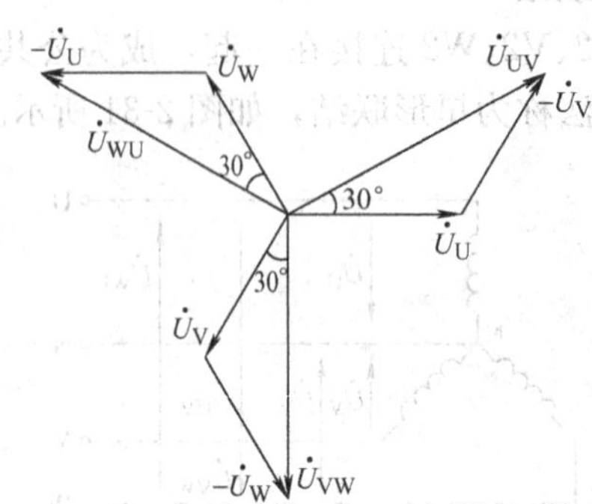

图2-32　三相对称电源线电压与相电压的相量图

例2.16　三相四线制Y联结的对称电源，其线电压的有效值为380V，试求三相线电压和相电压的相量式。

解：以UV相为参考相量，则三相线电压的相量式为

$$\dot{U}_{UV}=380\angle 0^\circ\ \text{V}$$

$$\dot{U}_{VW}=380\angle -120^\circ\ \text{V}$$

$$\dot{U}_{WU}=380\angle 120^\circ\ \text{V}$$

由式(2-60)得

$$\dot{U}_U=\frac{\dot{U}_{UV}}{\sqrt{3}\angle 30^\circ}=\frac{380\angle 0^\circ}{\sqrt{3}\angle 30^\circ}\text{V}=220\angle -30^\circ\ \text{V}$$

同理可得

$$\dot{U}_V=220\angle -150^\circ\ \text{V}$$

$$\dot{U}_W=220\angle 90^\circ\ \text{V}$$

2. 三相电源的三角形（△）联结

三角形联结是将三相发电动机的三个绕组依次始端与末端相连，构成一个闭合回路。从三个连接点引出的三根导线则为三根端线，如图2-33所示。

从图中可知，△联结时，线电压与相电压之间的关系为

$$\left.\begin{aligned}\dot{U}_{UV}&=\dot{U}_U\\ \dot{U}_{VW}&=\dot{U}_V\\ \dot{U}_{WU}&=\dot{U}_W\end{aligned}\right\}$$

即
$$\dot{U}_l=\dot{U}_p \tag{2-61}$$

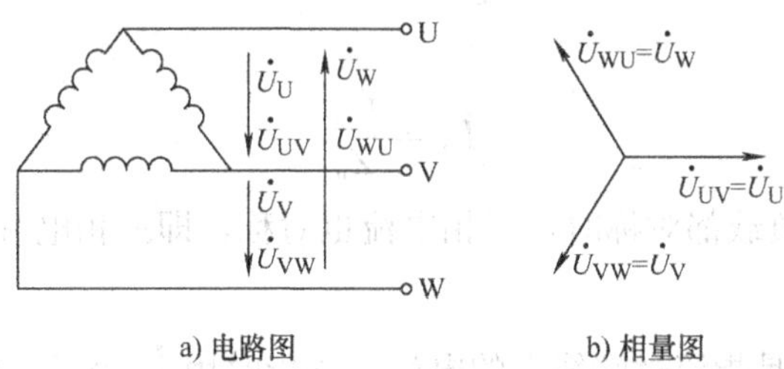

图 2-33　三相电源的△联结的电路图和相量图

也就是说，当三相电源△联结时，线电压与相电压相等。

任务 2.2.3　三相负载星形联结的分析测试

三相负载根据连接方式的不同可分为星形（Y）联结和三角形（△）联结两种；根据三相负载是否对称又可分为三相四线制和三相三线制。三相对称负载是指三相负载的复阻抗相等，即 $Z_U = Z_V = Z_W = Z$。

三相负载的星形（Y）联结是把三相负载的一端连接在一起，另一端分别接电源的三个端线，如图 2-34 所示。

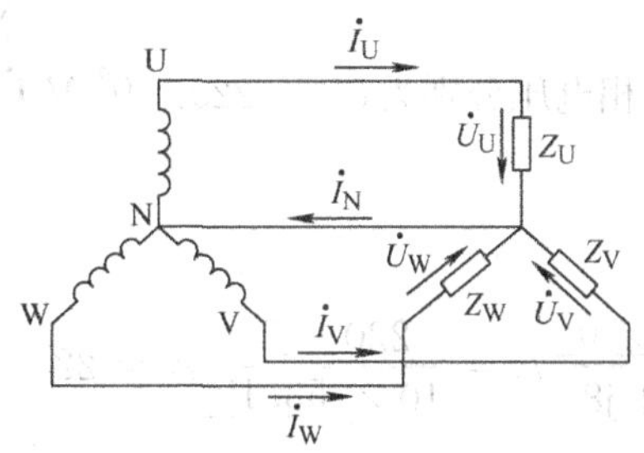

图 2-34　三相负载的三相四线制星形联结

1. 三相四线制的星形联结

（1）负载端的线电压与相电压　由图 2-34 可看出，电源的线电压与负载的线电压相等，电源的相电压与负载的相电压相等，所以，负载端线电压与相电压的关系与电源端线电压与相电压的关系相同，即

$$\dot{U}_l = \sqrt{3}\,\dot{U}_p \underline{/\ 30^\circ} \tag{2-62}$$

（2）负载的相电流、线电流与中性线电流

① 相电流。相电流是指流过各相负载上的电流，泛指时用 $\dot{I}_p$ 表示。从图 2-34 可知，各相的相电流等于各相电压与各相的复阻抗之比：

$$\left.\begin{aligned} \dot{I}_U &= \frac{\dot{U}_U}{Z_U} \\ \dot{I}_V &= \frac{\dot{U}_V}{Z_V} \\ \dot{I}_W &= \frac{\dot{U}_W}{Z_W} \end{aligned}\right\} \tag{2-63}$$

即

$$\dot{I}_p = \frac{\dot{U}_p}{Z_p} \tag{2-64}$$

当三相电源和三相负载都对称时，三相电流也对称，即三相电流的有效值相等，相位互差 120°。

② 线电流。线电流是指流过端线上的电流，泛指时用 $\dot{I}_l$ 表示。从图 2-34 可知，各相的线电流等于相应的相电流：

$$\dot{I}_l = \dot{I}_p \tag{2-65}$$

③ 中性线电流。根据基尔霍夫电流定律，可得中性线电流为

$$\dot{I}_N = \dot{I}_U + \dot{I}_V + \dot{I}_W \tag{2-66}$$

当三相电源和三相负载都对称时，三相电流也对称，故中性线电流为零，即 $\dot{I}_N = 0$。

例 2.17 三相四线制电路中，三相负载 $Z_U = (6+j8)\Omega$，$Z_V = (4-j3)\Omega$，$Z_W = 10\Omega$，接入 380V 的对称电源，试求各相电流和中性线电流。

解： 因为电源是星形联结，所以相电压的有效值为 $U_p = \frac{U_l}{\sqrt{3}} = \frac{380}{\sqrt{3}}V = 220V$。

以 U 相为参考相量，则三相电压分别为 $\dot{U}_U = 220\angle 0°$ V、$\dot{U}_V = 220\angle -120°$ V、$\dot{U}_W = 220\angle 120°$ V。

各相电流为

$$\dot{I}_U = \frac{\dot{U}_U}{Z_U} = \frac{220\angle 0°}{6+j8}A = \frac{220\angle 0°}{10\angle 53.1°}A = 22\angle -53.1°\ A$$

$$\dot{I}_V = \frac{\dot{U}_V}{Z_V} = \frac{220\angle -120°}{4-j3}A = \frac{220\angle -120°}{5\angle -36.9°}A = 44\angle -83.1°\ A$$

$$\dot{I}_W = \frac{\dot{U}_W}{Z_W} = \frac{220\angle 120°}{10}A = \frac{220\angle 120°}{10}A = 22\angle 120°\ A$$

中性线电流为

$$\begin{aligned}\dot{I}_N &= \dot{I}_U + \dot{I}_V + \dot{I}_W \\ &= 22\angle -53.1°\ A + 44\angle -83.1°\ A + 22\angle -120°\ A \\ &= (13.2 - j17.6 + 5.28 - j43.56 - 11 - j19.05)A \\ &= (7.48 - j80.21)A \\ &= 80.55\angle -84.67°\ A\end{aligned}$$

2. 三相三线制的星形联结

将三相四线制中的中性线去掉，即为三相三线制连接。若三相负载对称，电路的求解方法与三相四线制相同。若三相负载不对称，各相负载的端电压会根据各相负载阻抗值的不同而变化。这样，在三相负载上可能使某一相的电压高于额定电压，造成负载的损坏；而某一相的电压低于额定电压，使负载不能正常工作。因此，三相负载不对称时，必须采用三相四线制，且中性线上不能安装开关、熔断器等装置，以保障中性线可靠连接。

任务 2.2.4　三相负载三角形联结的分析测试

三相负载的三角形联结与三相电源的连接一样，是将各相负载依次分别接在三相电源的三根端线上，如图 2-35 所示。

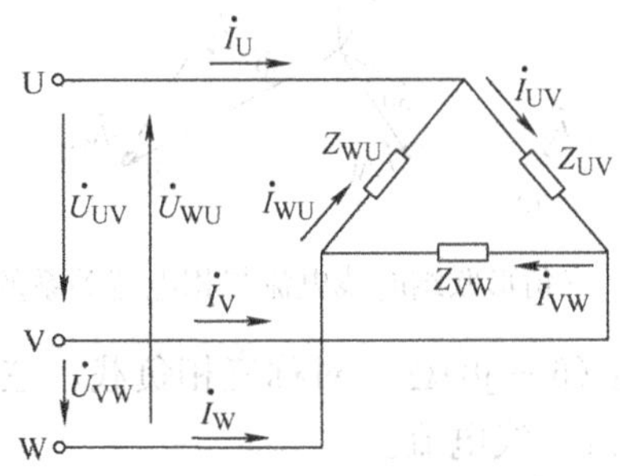

图 2-35　三相负载的三角形联结

（1）负载端的线电压与相电压　从图中可看出，当三相负载△联结时，线电压与相电压相等，即

$$\dot{U}_l = \dot{U}_p \tag{2-67}$$

（2）负载的相电流与线电流　相电流是指流过各相负载上的电流，用 $\dot{I}_{UV}$、$\dot{I}_{VW}$、$\dot{I}_{WU}$ 表示，泛指时用 $\dot{I}_p$ 表示。各相的相电流为

$$\dot{I}_{UV} = \frac{\dot{U}_{UV}}{Z_{UV}},\ \dot{I}_{VW} = \frac{\dot{U}_{VW}}{Z_{VW}},\ \dot{I}_{WU} = \frac{\dot{U}_{WU}}{Z_{WU}}$$

即

$$\dot{I}_p = \frac{\dot{U}_p}{Z_p} \tag{2-68}$$

线电流是指流过端线上的电流，用 $\dot{I}_U$、$\dot{I}_V$、$\dot{I}_W$ 表示，泛指时用 $\dot{I}_l$ 表示。从图 2-35 可知，线电流与相电流的关系为

$$\left.\begin{aligned} \dot{I}_U &= \dot{I}_{UV} - \dot{I}_{WU} \\ \dot{I}_V &= \dot{I}_{VW} - \dot{I}_{UV} \\ \dot{I}_W &= \dot{I}_{WU} - \dot{I}_{VW} \end{aligned}\right\} \tag{2-69}$$

上式表明，在三角形联结的电路中，线电流的相量等于相应相电流的相量之差。

如果电路是对称的（即电源和负载都对称），三相电流也是对称的，则

$$\left.\begin{aligned} \dot{I}_U &= \sqrt{3}\,\dot{I}_{UV}\angle -30^\circ \\ \dot{I}_V &= \sqrt{3}\,\dot{I}_{VW}\angle -30^\circ \\ \dot{I}_W &= \sqrt{3}\,\dot{I}_{WU}\angle -30^\circ \end{aligned}\right\} \tag{2-70}$$

即

$$\dot{I}_l = \sqrt{3}\,\dot{I}_p\angle -30^\circ \tag{2-71}$$

也就是说，对称电路三角形联结时，线电流的有效值是相电流有效值的 $\sqrt{3}$ 倍，线电流的相位滞后于相电流 30°。三角形联结时线电流与相电流之间的关系，也可从图 2-36 的相量

图看出。

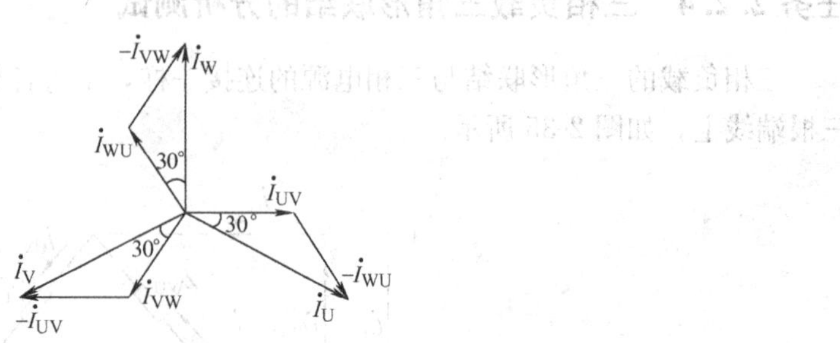

图 2-36　三角形联结时线电流与相电流关系的相量图

例 2.18　每相阻抗为 $Z=(6-\mathrm{j}8)\Omega$ 的对称三相负载，三角形联结后，接入 380V 的对称电源上，试求各负载的相电流和线电流。

解： 以 $\dot{U}_{UV}$ 为参考相量，即 $\dot{U}_{UV}=380\angle 0^\circ$ V，则各负载的相电流为

$$\dot{I}_{UV}=\frac{\dot{U}_{UV}}{Z}=\frac{380\angle 0^\circ}{6-\mathrm{j}8}\mathrm{A}=\frac{380\angle 0^\circ}{10\angle -53.1^\circ}\mathrm{A}=38\angle 53.1^\circ\ \mathrm{A}$$

$$\dot{I}_{VW}=\dot{I}_{UV}\angle -120^\circ=38\angle 53.1^\circ-120^\circ\ \mathrm{A}=38\angle -66.9^\circ\ \mathrm{A}$$

$$\dot{I}_{WU}=\dot{I}_{UV}\angle 120^\circ=38\angle 53.1^\circ+120^\circ\ \mathrm{A}=38\angle 173.1^\circ\ \mathrm{A}$$

负载的线电流为

$$\dot{I}_U=\sqrt{3}\,\dot{I}_{UV}\angle -30^\circ=\sqrt{3}\times 38\angle 53.1^\circ\times\angle -30^\circ\ \mathrm{A}=66\angle 23.1^\circ\ \mathrm{A}$$

$$\dot{I}_V=\dot{I}_U\angle -120^\circ=66\angle 23.1^\circ-120^\circ\ \mathrm{A}=66\angle -96.9^\circ\ \mathrm{A}$$

$$\dot{I}_W=\dot{I}_U\angle 120^\circ=66\angle 23.1^\circ+120^\circ\ \mathrm{A}=66\angle 143.1^\circ\ \mathrm{A}$$

任务 2.2.5　三相交流电路功率的分析测试

1. 三相电路的功率

三相负载的瞬时功率、有功功率和无功功率均等于各相瞬时功率、有功功率和无功功率之和，即

$$\begin{aligned}p&=p_U+p_V+p_W=u_Ui_U+u_Vi_V+u_Wi_W\\P&=P_U+P_V+P_W=U_UI_U\cos\varphi_U+U_VI_V\cos\varphi_V+U_WI_W\cos\varphi_W\\Q&=Q_U+Q_V+Q_W=U_UI_U\sin\varphi_U+U_VI_V\sin\varphi_V+U_WI_W\sin\varphi_W\end{aligned}\tag{2-72}$$

根据视在功率的定义，三相负载的视在功率为

$$S=\sqrt{P^2+Q^2}\tag{2-73}$$

2. 对称三相电路的功率

当三相电路对称时，三相电压和电流也对称，故有 $U_U=U_V=U_W=U_p$，$I_U=I_V=I_W=I_p$，$\varphi_U=\varphi_V=\varphi_W=\varphi$，则三相负载的有功功率、无功功率、视在功率和功率因数为

$$\left.\begin{aligned} &P = 3U_{\rm p}I_{\rm p}\cos\varphi \\ &Q = 3U_{\rm p}I_{\rm p}\sin\varphi \\ &S = \sqrt{P^2+Q^2} = 3U_{\rm p}I_{\rm p} \\ &\cos\varphi = \frac{P}{S} \end{aligned}\right\} \tag{2-74}$$

即在三相对称电路中，三相负载的有功功率、无功功率为每相负载的 3 倍。

由于三相电路中用电设备的额定电压和额定电流通常指的是线电压和线电流，并且线电压和线电流的测量较为方便，所以通常将式(2-74) 中的相电压和相电流换为线电压和线电流。

当负载为星形联结时，有　$U_{\rm p} = \dfrac{U_{\rm l}}{\sqrt{3}}$　$I_{\rm p} = I_{\rm l}$

当负载为三角形联结时，有　$U_{\rm p} = U_{\rm l}$　$I_{\rm p} = \dfrac{I_{\rm l}}{\sqrt{3}}$

故对称负载不论星形联结还是三角形联结，均有

$$3U_{\rm p}I_{\rm p} = \sqrt{3}U_{\rm l}I_{\rm l}$$

所以，三相负载的有功功率、无功功率、视在功率和功率因数也可表示为

$$\left.\begin{aligned} &P = \sqrt{3}U_{\rm l}I_{\rm l}\cos\varphi \\ &Q = \sqrt{3}U_{\rm l}I_{\rm l}\sin\varphi \\ &S = \sqrt{P^2+Q^2} = \sqrt{3}U_{\rm l}I_{\rm l} \\ &\cos\varphi = \frac{P}{S} \end{aligned}\right\} \tag{2-75}$$

3. 对称三相电路的瞬时功率

因为三相电路的瞬时功率为

$$p = p_{\rm U} + p_{\rm V} + p_{\rm W} = u_{\rm U}i_{\rm U} + u_{\rm V}i_{\rm V} + u_{\rm W}i_{\rm W}$$

由于电压和电流是对称的，所以将各相的电压和电流代入上式，最后得到瞬时功率为

$$p = \sqrt{3}U_{\rm l}I_{\rm l}\cos\varphi \tag{2-76}$$

由此可见，在对称三相电路中，总瞬时功率是一恒定值，且等于总有功功率，此性质称为瞬时功率的平衡。三相电路的这个性质保证了三相负载的运行是稳定的。

例 2.19　每相阻抗为 $Z = (6 + {\rm j}8)\Omega$ 的对称三相负载，接入 380V 的对称电源上，试求负载分别为星形联结和三角形联结时的有功功率和无功功率。

解：(1) 负载星形联结时有

$$U_{\rm p} = \frac{U_{\rm l}}{\sqrt{3}} = \frac{380}{\sqrt{3}}{\rm V} = 220{\rm V}$$

$$I_{\rm p} = I_{\rm l} = \frac{U_{\rm p}}{|Z|} = \frac{220}{\sqrt{6^2+8^2}}{\rm A} = 22{\rm A}$$

由阻抗三角形可得

$$\cos\varphi = \frac{6}{\sqrt{6^2+8^2}} = 0.6 \qquad \sin\varphi = 0.8$$

所以

$$P=\sqrt{3}U_{l}I_{l}\cos\varphi=\sqrt{3}\times380\times22\times0.6\text{W}=8688\text{W}$$

$$Q=\sqrt{3}U_{l}I_{l}\sin\varphi=\sqrt{3}\times380\times22\times0.8\text{var}=11584\text{var}$$

（2）负载三角形联结时有

$$U_{l}=U_{p}=380\text{V}$$

$$I_{l}=\sqrt{3}I_{p}=\sqrt{3}\frac{U_{p}}{|Z|}=\sqrt{3}\times\frac{380}{\sqrt{6^{2}+8^{2}}}\text{A}=65.8\text{A}$$

所以

$$P=\sqrt{3}U_{l}I_{l}\cos\varphi=\sqrt{3}\times380\times65.8\times0.6\text{W}=25984.9\text{W}$$

$$Q=\sqrt{3}U_{l}I_{l}\sin\varphi=\sqrt{3}\times380\times65.8\times0.8\text{var}=34646.6\text{var}$$

由此可见，相同的负载接入相同的电源，三角形联结的功率是星形联结功率的 3 倍。

模块 2.3　技能训练

任务 2.3.1　电阻、电容串联电路的测试

1. 训练目的

1）测量交流电路中总电压与分电压之间的关系。

2）学习交流电路中电压与电流的测量方法。

2. 训练仪器与设备

1）交流电压表　　1 只

2）交流电流表　　1 只

3）电容器　　1 只

4）白炽灯　　3 只

3. 训练原理

如图 2-37a 所示的 RC 串联电路中，当加入正弦交流电时，总电压 $\dot{U}$ 与分电压 $\dot{U}_R$、$\dot{U}_C$ 之间的关系构成一个直角三角形，如图 2-37b 所示。

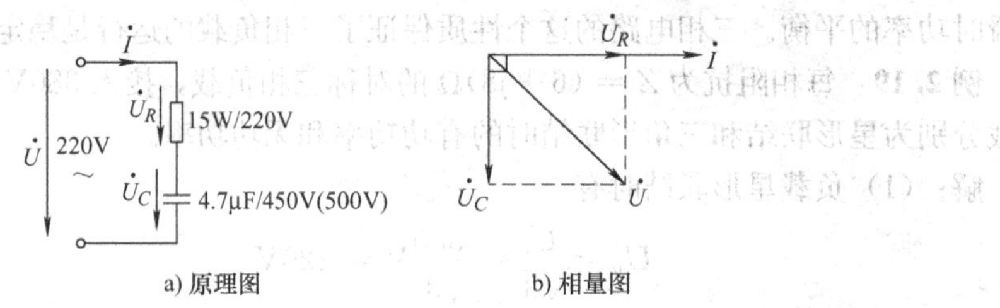

图 2-37　RC 串联电路

4. 训练内容和步骤

1）将一只 220V、15W 的白炽灯和电容量为 4.7μF \ 500V 的电容串联，接到电压为 220V 的电源上，测量出电路中的总电流 I、总电压 U、电阻上的电压 U_R 和电容上的电压

U_C，并填入表 2-2 中的测量值。

表 2-2　*RC* 串联电路的测量

白炽灯数	测　量　值				计　算　值		
	I/mA	U/V	U_R/V	U_C/V	$U'=\sqrt{U_R^2+U_C^2}$	$\Delta U=U'-U$	$\Delta U/U$
1							
2							
3							

2）将白炽灯的数量改为两只，重复上述过程，填入上表中的测量值。

3）根据测量值计算出 U'、ΔU、$\Delta U/U$，并填入表中。

5. 注意事项

1）注意用电安全及人身安全。

2）量程的选择：测量电流 I 用 0.25A 档位；测量电压 U 和 U_R 用 300V 档位；当一盏灯测量电压 U_C 时，用 75V 档位，两盏灯测量电压 U_C 时，用 150V 档位。

任务 2.3.2　三相负载星形联结的测试

1. 训练目的

1）掌握三相负载星形联结的方法，熟悉其线、相电压及线、相电流之间的关系。

2）充分理解三相四线供电系统中中性线的作用。

2. 训练仪器与设备

1）白炽灯　　9 只

2）交流电流表　　1 只

3）交流电压表　　1 只

3. 训练原理

负载Y联结时，按负载是否对称可分为对称三相负载的Y联结和不对称三相负载的Y联结，如图 2-38 所示。

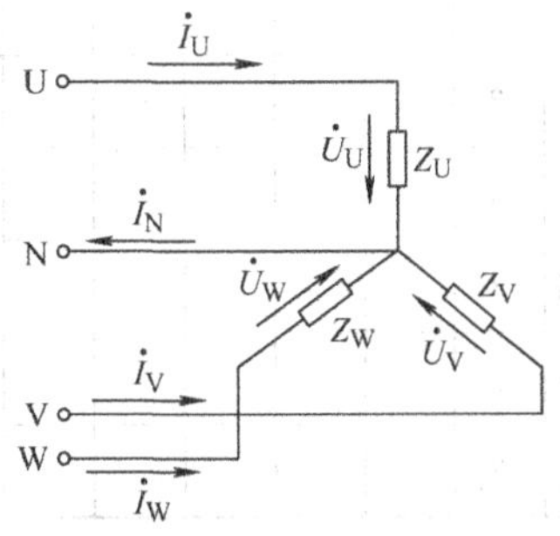

图 2-38　三相负载星形联结

1）当三相对称负载Y联结时，线电压 U_l 是相电压 U_p 的 $\sqrt{3}$ 倍，线电流 I_l 等于相电流

I_p，即 $U_l = \sqrt{3}U_p$、$I_l = I_p$。在这种情况下，流过中性线的电流 $I_N = 0$，所以可以省去中性线。

2）当三相不对称负载Y联结时，必须采用三相四线制接法，并保证中性线连接可靠。

4. 训练内容和步骤

按图 2-39 接好线，三相电源的线电压为 380V，按照表 2-3 中的训练内容分别测量各线电流、线电压、相电压、中性线电流和中点电压，并填入表中。

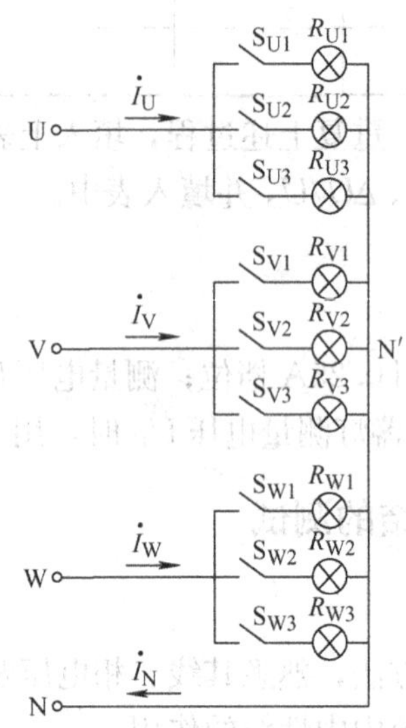

图 2-39　三相负载星形联结电路图

表 2-3　三相负载星形联结电路的测量

测量数据 / 训练内容	开灯盏数			线电流/A			线电压/V			相电压/V			中性线电流 I_N/A	中点电压 $U_{N'N}$/V
	U 相	V 相	W 相	I_U/A	I_V/A	I_W/A	U_{UV}/V	U_{VW}/V	U_{WU}/V	U_U/V	U_V/V	U_W/V		
三相四线Y联结接对称负载	3	3	3											
三相三线Y联结接对称负载	3	3	3											
三相四线Y联结接不对称负载	1	2	3											
三相三线Y联结接不对称负载	1	2	3											
三相四线Y联结 V 相断开	1	断路	3											
三相三线Y联结 V 相断开	1	断路	3											
三相三线Y联结 V 相短路	1	短路	3											

5. 注意事项

1）注意用电安全及人身安全。

2）操作过程中要按照“先断电、后接线、再通电”的基本原则。

任务 2.3.3　三相负载三角形联结的测试

1. 训练目的

1）掌握三相负载△联结的方法。

2）熟悉线电压、相电压及线电流、相电流之间的关系。

2. 训练仪器与设备

1）白炽灯　　　　9 只

2）交流电流表　　1 只

3）交流电压表　　1 只

3. 训练原理

负载三角形联结时，按负载是否对称可分为对称三相负载的三角形联结和不对称三相负载的三角形联结，如图 2-40 所示。

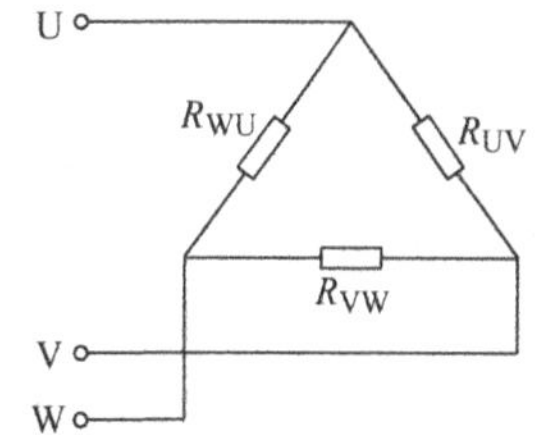

图 2-40　三相负载三角形联结电路图

1）当三相对称负载△联结时，线电压 U_l 等于相电压 U_p，线电流 I_l 等于相电流 I_p 的 $\sqrt{3}$ 倍，即

$$U_l = U_p \qquad I_l = \sqrt{3} I_p$$

2）当三相不对称负载△联结时，$I_l \neq \sqrt{3} I_p$，但只要电源的线电压是对称的，加在负载上的电压也是对称的。

4. 训练内容和步骤

按图 2-41 接好线，三相电源的线电压为 380V，按照表 2-4 中的训练内容分别测量各线电流、相电流、线电压（相电压），并填入表中。

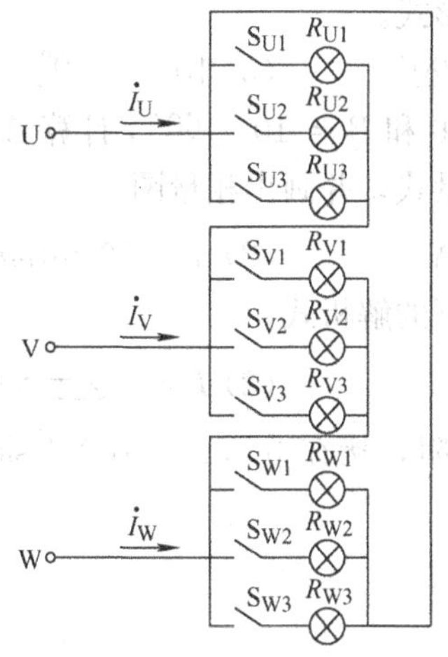

图 2-41　三相负载三角形联结电路图

表 2-4　三相负载三角形联结电路的测量

训练内容 ＼ 测量数据	开灯盏数			线电压/V			线电流/A			相电流/A		
	U 相	V 相	W 相	U_{UV}	U_{VW}	U_{WU}	I_U	I_V	I_W	I_{UV}	I_{VW}	I_{WU}
三相负载平衡	3	3	3									
三相负载不平衡	1	2	3									

5. 注意事项

1）注意用电安全及人身安全。

2）操作过程中要按照“先断电、后接线、再通电”的基本原则。

习 题

2.1 一正弦交流电的电压为 $u=100\sqrt{2}\sin(314t-30°)$V，请指出该电压的最大值、有效值、角频率、频率、周期、初相角，并写出其相量式。

2.2 在工频状态下，请写出图 2-42 中电压和电流的解析式，并判断哪个超前，哪个滞后。

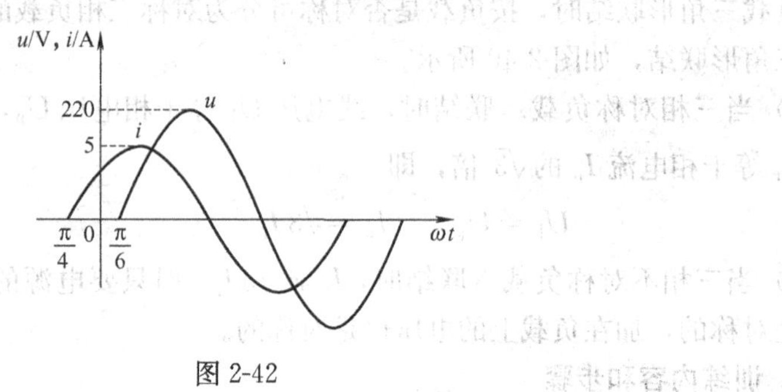

图 2-42

2.3 写出下列复数的极坐标形式。

（1）3+j4　　（2）8−j6　　（3）40+j40

2.4 写出下列复数的代数形式。

(1) $\angle 90°$　　(2) $\angle -90°$　　(3) $10\angle -60°$　　(4) $20\angle 30°$

2.5 已知两复数 $A=8+\text{j}6$ 和 $B=10\angle 60°$，计算 A 和 B 的四则运算。

2.6 写出下列正弦量的相量式，并画出相量图。

(1) $i=10\sqrt{2}\sin(\omega t+30°)$A　　(2) $u=50\sin(\omega t-60°)$V

2.7 写出下列相量在工频下的解析式。

(1) $\dot{U}=100\angle 45°$ V　　(2) $\dot{I}=5\angle -30°$ A

2.8 一只阻值为 10Ω 的电阻，接在电压 $u=100\sqrt{2}\sin(314t+30°)$V 的电源上，试计算：

（1）通过电阻上的电流 $\dot{I}$、i、I。

（2）电阻上的有功功率。

2.9 一只电感量为 0.5H 的电感，接在电压 $u=50\sqrt{2}\sin(100t-60°)$V 的电源上，试计算：

（1）通过电感上的电流 $\dot{I}$、i、I。

（2）电感上的无功功率。

2.10 一只电容量为 100μF 的电容，通过电流 $i=5\sqrt{2}\sin(100t+30°)$A，试计算：

（1）通过电容上的电压 $\dot{U}$、u、U。

（2）电容上的无功功率。

2.11　RLC 串联后接到电压 $u = 220\sqrt{2}\sin 314t\text{V}$ 的电源上，已知 $R = 40\Omega$、$X_L = 100\Omega$、$X_C = 70\Omega$，试求：（1）电路的性质；（2）阻抗；（3）电流 $\dot{I}$；(4) $\dot{U}_R$、$\dot{U}_L$、$\dot{U}_C$；(5) 作出电压和电流的相量图；（6）有功功率、无功功率、视在功率。

2.12　图 2-43 中电压表 V_1、V_2、V_3 的读数均为 10V，试求电压表 V 的读数。

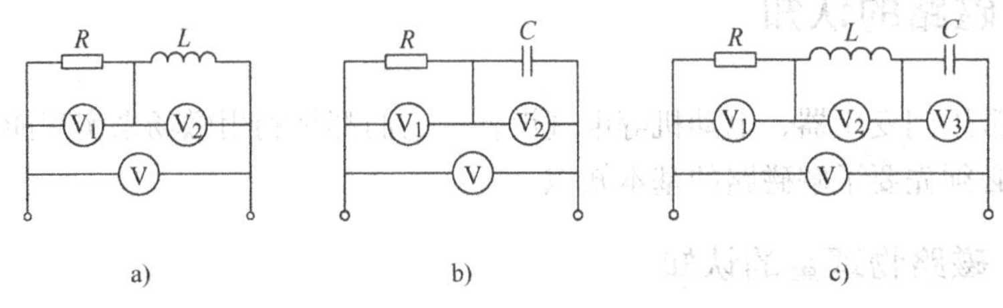

图 2-43

2.13　图 2-44 中电流表 A_1、A_2、A_3 的读数均为 5A，试求电流表 A 的读数。

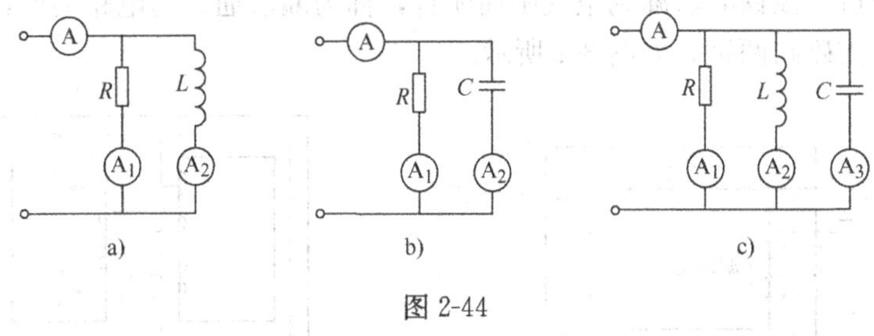

图 2-44

2.14　一功率 $P = 100\text{W}$、功率因数 $\cos\varphi = 0.5$ 的荧光灯，接在电压 $U = 220\text{V}$，$f = 50\text{Hz}$ 的电源上。若将功率因数提高到 0.9，求需并联电容的电容量 C，并计算无功功率 Q 是多少？

2.15　已知三相电中 U 相的解析式为 $u_{\text{U}} = 220\sqrt{2}\sin(314t + 30°)\text{V}$，试写出其他两相的解析式，并用相量式表示出该三相电。

2.16　有一对称三相负载，接在线电压为 380V 的对称电源上，已知每相负载均为 $(3-\text{j}4)\Omega$，当负载分别为星形联结和三角形联结时，试求：（1）各负载上的线电压；（2）各负载的相电流和线电流；（3）有功功率、无功功率和视在功率。

2.17　已知三相不对称负载的每相阻抗分别为 $Z_{\text{U}} = (3-\text{j}4)\Omega$、$Z_{\text{V}} = (6-\text{j}8)\Omega$、$Z_{\text{W}} = (4+\text{j}4)\Omega$，接在 $\dot{U}_{\text{UV}} = 380\text{V}$ 的对称电源上，当负载分别为星形联结和三角形联结时，试求：（1）各负载上的线电压；（2）各负载的相电流和线电流；（3）有功功率、无功功率和视在功率。

项目 3　变压器与电动机功能的测试

模块 3.1　磁路的认知

实际中经常用到变压器、电动机等电气设备，它们都是利用磁场来实现能量的传输和转换的。为此，必须先要了解磁路的基本知识。

任务 3.1.1　磁路物理量的认知

1. 磁路的概念

磁路是指磁通所经过的路径。绝大部分磁通沿着铁心闭合，这部分磁通称为主磁通；另有少部分磁通经过一段铁心后漏到空气中而闭合，称为漏磁通。与电路类似，磁路可分为无分支磁路和有分支磁路两种，如图 3-1 所示。

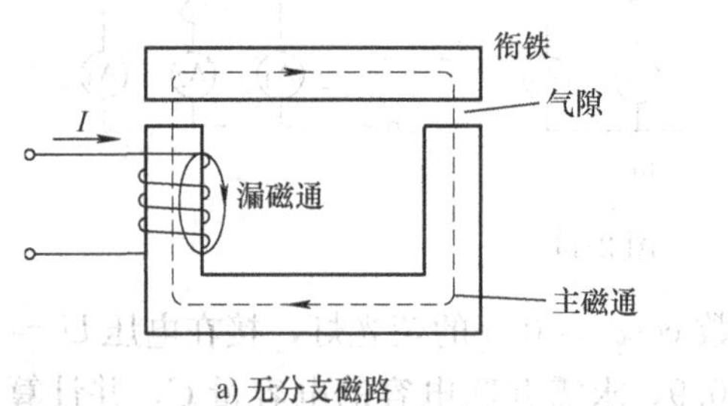

a) 无分支磁路

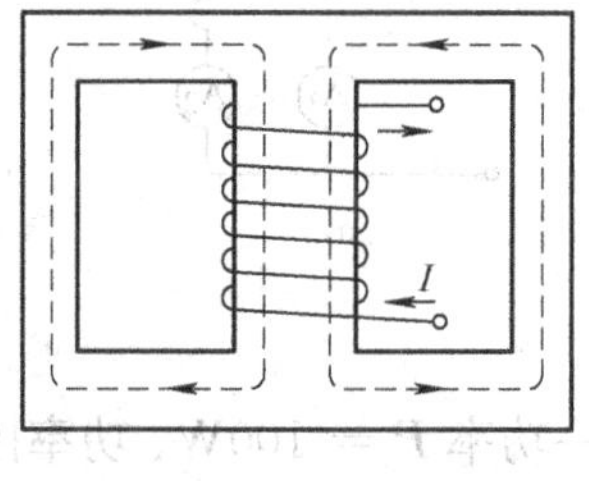

b) 有分支磁路

图 3-1　磁路

几种常用电气设备的磁路如图 3-2 所示。

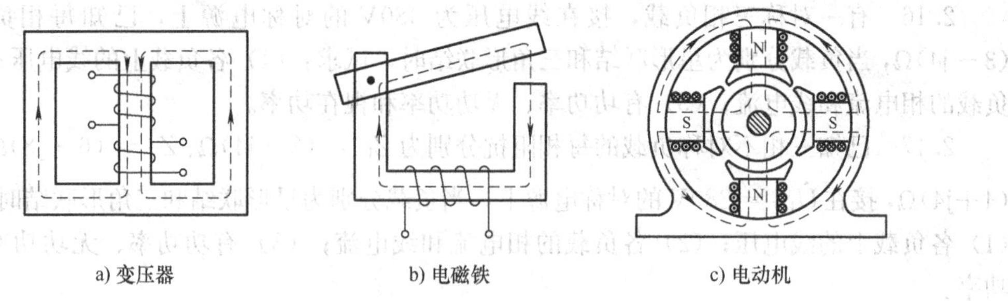

a) 变压器　b) 电磁铁　c) 电动机

图 3-2　几种常用电气设备的磁路

2. 磁路的主要物理量

（1）磁通　磁通是指某一面积上所穿过的磁力线的数目，磁通用 Φ 表示，其单位是 Wb（韦伯）。

（2）磁感应强度　在均匀磁场中，磁感应强度等于垂直穿过单位面积的磁力线数目，用

B 表示，即

$$B=\frac{\Phi}{A}$$

磁感应强度是矢量，其单位是 T（特斯拉，简称特）。

磁感应强度也称磁通密度。

（3）磁导率　磁导率是衡量物质导磁性能的物理量。磁导率越大，导磁性能就越好。磁导率用 μ 表示，其单位为 H/m（亨/米）。

通过实验可测定真空的磁导率是一个常数，即

$$\mu_0=4\pi\times10^{-7}\,\mathrm{H/m}$$

我们把某一物质的磁导率与真空磁导率的比值称为相对磁导率，用 μ_r 表示，即

$$\mu_r=\frac{\mu}{\mu_0}$$

（4）磁场强度　将磁感应强度与磁导率的比值称为磁场强度，用 H 表示，即

$$H=\frac{B}{\mu}$$

磁感应强度是矢量，其单位为 A/m（安/米）。

任务 3.1.2　认识铁磁性材料

物质按照导磁性可分为铁磁性材料和非铁磁性材料。铁、钢、镍、钴等都属于铁磁性材料，它们的相对磁导率 μ_r 很大（$\mu_r\gg1$）。铜、铝、空气都属于非铁磁材料，它们的相对磁导率 μ_r 很小（$\mu_r\approx1$）。

1. 铁磁性材料的磁性能

铁磁性材料具有高导磁性、磁饱和性和磁滞性三种磁性能。

（1）高导磁性　铁磁性材料的磁导率很高。这是因为铁磁性材料的内部存在着很多体积为 $10^{-6}\sim10^{-3}\mathrm{cm}^3$ 磁化空间，称为磁畴。在没有受外磁场的作用时，磁畴的排列是不规则的，对外不呈现磁性，如图 3-3a 所示。当在外磁场的作用下，磁畴将顺着外磁场的方向排列，将产生一个很大的附加磁场与外磁场相加，如图 3-3b 所示。铁磁性材料的这种性能称为磁化。

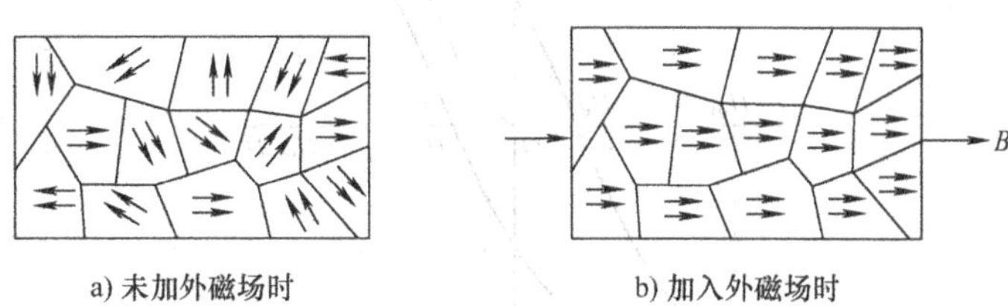

a) 未加外磁场时　　b) 加入外磁场时

图 3-3　铁磁性材料内部的磁畴

而非铁磁性材料的内部没有磁畴，磁化程度很弱，因而导磁性能很差。

（2）磁饱和性　铁磁性材料的磁导率 μ 很大，并且不是常数，一般用磁化曲线来表示。用横坐标表示磁场强度 H，用纵坐标表示磁感应强度 B，这样做出的曲线称为磁化曲线或称 B-H 曲线。磁化曲线可以通过实验测得。图 3-4a 是磁化曲线实验电路，环形铁心上绕

有线圈，铁心的面积为 A，平均长度为 l。线圈通过换向开关 S 和电流表接到直流电源上，这样可以测出 $\Phi-I$ 曲线（韦安特性曲线）。因为 $B=\dfrac{\Phi}{A}$，磁场强度 $H=\dfrac{IN}{l}$，更改坐标比例可得出 $B-H$ 曲线，如图 3-4b 所示。

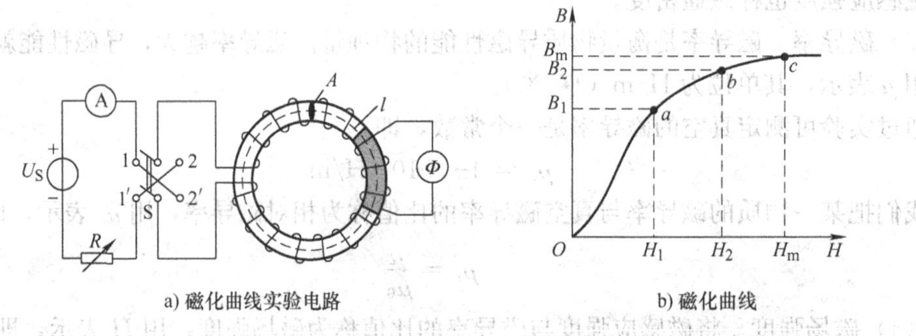

a) 磁化曲线实验电路　　b) 磁化曲线

图 3-4　磁化曲线实验电路及磁化曲线

由磁化曲线可知，在 Oa 段，随着 H 的增加，B 几乎是直线上升；在 ab 段，当 H 增加时，B 增加的速度变慢；在 bc 段，H 增加时，B 增加的速度极其缓慢；在 c 点之后，B 几乎不再变化。这是因为在磁化过程中，随着励磁电流的增大，外磁场和附加磁场都将增大，但当励磁电流增大到一定值时，所有的磁畴都与外磁场的方向相同，附加磁场不再随励磁电流的增大而增强，最终达到饱和，这种现象称为磁饱和现象。

（3）磁滞性　在没有磁化的线圈中通上电流，如果电流逐渐增加，则磁化过程由 O 点到 a 点（见图 3-5），对应的磁感应强度为 H_m。此时如果减小电流直到零值（H 值也减小到零值），而 B 值是沿着 ab 曲线方向减小，磁感应强度还保留一定数值（Ob 部分），这部分磁感应强度称为剩余磁感应强度（简称剩磁），用 B_r 表示。如果要消除剩磁，则要加反向电流，当 H 沿着 bc 到达 c 点时，剩磁为零，此时磁场强度为 $-H_c$（称为矫顽磁力）。这种磁感应强度滞后于磁场强度变化的现象称为磁滞现象。

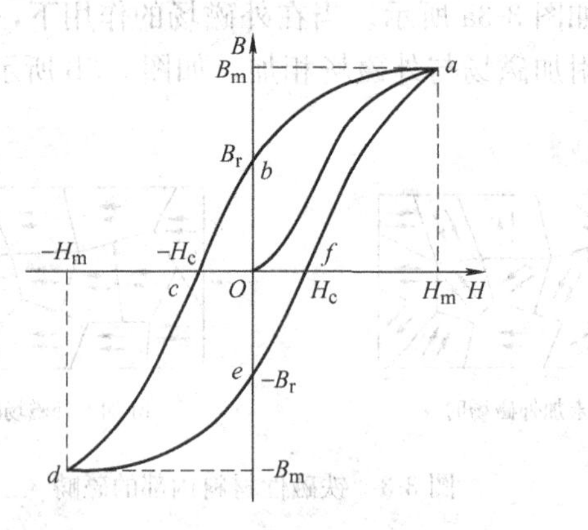

图 3-5　磁滞回线

当 H 反向继续增加时，反向磁化开始，其过程沿着 cd 方向。当达到 $-H_m$ 时，H 值反向减小，则曲线沿着 de 进行去磁。这种磁化、去磁、反向磁化、反向去磁构成一个循环。由于存在着反向剩磁，所以继续增加 H 值，使其为 H_c 和 H_m，曲线则沿着 ef 最后到 a

点。磁化曲线实际上是趋于对称于原点的闭合曲线，这种回线称为磁滞回线。

2. 铁磁性材料的种类

工程上按照矫顽磁力的不同，将铁磁性材料分为软磁材料、硬磁材料和矩磁材料三种，如图 3-6 所示。

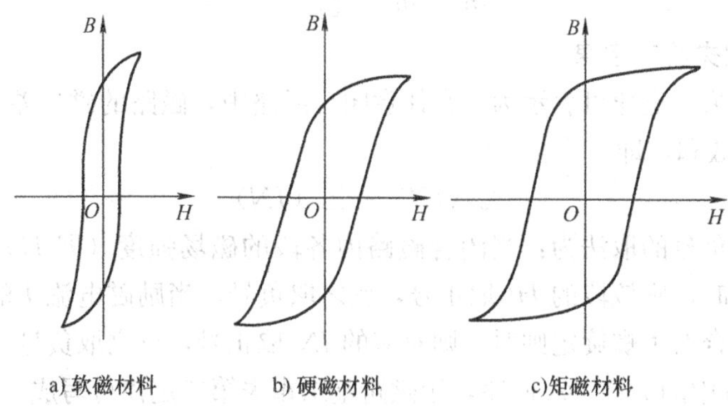

图 3-6　铁磁性材料的种类

1）软磁材料磁滞回线的宽度较窄，剩磁和磁导率较高，有易磁化又易退磁的特点，如图 3-6a 所示。如软铁、硅钢、铁镍合金等软磁材料适用于做电动机、变压器等交流设备的铁心，铁氧体用作计算机的磁心、磁鼓以及录音机的磁带和磁头等。

2）硬磁材料磁滞回线的宽度较宽，剩磁和矫顽磁力较大，如图 3-6b 所示。如碳钢、钴钢及铁镍铝合金等属于硬磁材料，这种材料适用于做永久磁铁。

3）矩磁材料的形状接近于矩形，如图 3-6c 所示，其剩磁很大，但矫顽磁力较小，具有稳定性好、易于翻转等特点。常用的矩磁材料有镁锰铁氧体以及某些铁镍合金等，这种材料适用于做计算机及控制系统的记忆元件和开关元件。

任务 3.1.3　磁路定律

生产实际中的电工设备广泛采用铁磁性材料做成一定形状的铁心。磁通大部分通过铁心形成闭合通路。这种磁通经过的路径称为磁路。磁路又分为无分支磁路和有分支磁路两种，如图 3-7 所示。

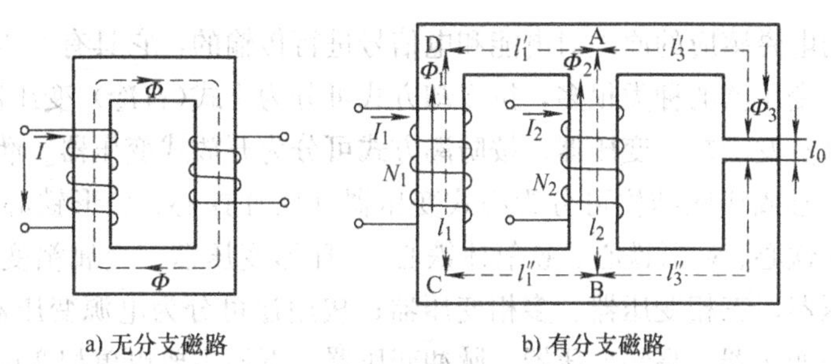

图 3-7　磁路的种类

1. 磁路基尔霍夫第一定律

根据磁通的连续性可知，进入分支点（节点）的磁通与离开节点的磁通是相等的，即通

过磁路节点处磁通的代数和为零，则磁路基尔霍夫第一定律可表示为

$$\sum \Phi = 0 \tag{3-1}$$

若进入节点的磁通为正，则离开节点的磁通为负。例如，图 3-7b 的 A 点用磁路基尔霍夫第一定律可写为

$$\Phi_1 + \Phi_2 - \Phi_3 = 0$$

2. 磁路基尔霍夫第二定律

磁路基尔霍夫第二定律可表示为：在任意闭合磁路中，磁路的磁位差 Hl 的代数和恒等于磁动势 IN 的代数和，即

$$\sum (Hl) = \sum (IN) \tag{3-2}$$

上式各项正、负号的取法为：当闭合磁路内各段的磁场强度（即 H）的参考方向与回路的绕行方向一致时，则该段的 Hl 取正号，反之取负号；当励磁电流 I 的参考方向与回路的绕行方向之间符合右手螺旋定则时，则对应的 IN 取正号，反之取负号。

例如，图 3-7b 中的 ABCDA 回路，用磁路基尔霍夫第二定律可写成

$$H_1 l_1 + H_1 l_1' + H_1 l_1'' - H_2 l_2 = I_1 N_1 - I_2 N_2$$

3. 磁路欧姆定律

因为 $B = \mu H$，即 $\dfrac{\Phi}{A} = \mu H$，则磁路欧姆定律为

$$\Phi = \mu H A = \frac{Hl}{\dfrac{l}{\mu A}} = \frac{U_m}{R_m} \tag{3-3}$$

式中，$U_m = Hl$ 为该段磁路的磁位差；$R_m = \dfrac{l}{\mu A}$ 为该段磁路的磁阻（H^{-1}）。

由于铁磁性材料的磁导率不是常数，即磁阻不是常数，所以，在一般情况下不能应用磁路欧姆定律进行磁路计算。

模块 3.2　变压器功能的测试

任务 3.2.1　认识变压器

变压器是利用电磁感应的原理对电能和电信号进行传输的，它具有变压、变流、变换阻抗和隔离的作用。变压器的种类很多，按冷却方式可分为干式（自冷）变压器、油浸（自冷）变压器、氟化物（蒸发冷却）变压器；按防潮方式可分为开放式变压器、灌封式变压器、密封式变压器；按铁心或线圈结构可分为心式变压器（插片铁心、C 形铁心、铁氧体铁心）、壳式变压器（插片铁心、C 形铁心、铁氧体铁心）、环形变压器、金属箔变压器；按电源相数可分为单相变压器、三相变压器、多相变压器；按用途可分为电源变压器、调压变压器、音频变压器、中频变压器、高频变压器、脉冲变压器。下面主要以单相变压器来介绍变压器的功能。

变压器主要由铁心和绕组两部分组成，绕组和绕组之间、绕组与铁心之间都是绝缘的。按照铁心与绕组的组合方式，变压器可分为心式和壳式两种，如图 3-8 所示。

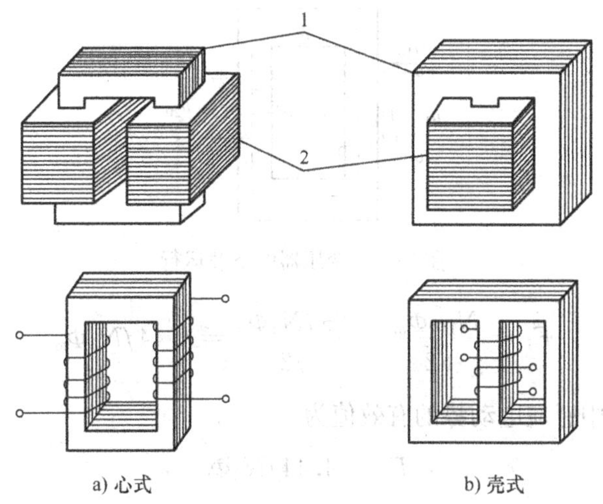

图 3-8　变压器的结构

1—铁心　2—绕组

变压器铁心的作用是构成磁路。为了减少铁心中的磁滞损耗和涡流损耗，变压器的铁心要用 0.35～0.5mm 的硅钢片交错叠加而成，片间要用绝缘漆隔开。变压器的绕组用铜线或铝线绕成，与电源相连的绕组称为一次绕组（或一次侧），与负载相连的绕组称为二次绕组（或二次侧），如图 3-9a 所示。变压器的符号如图 3-9b 所示。

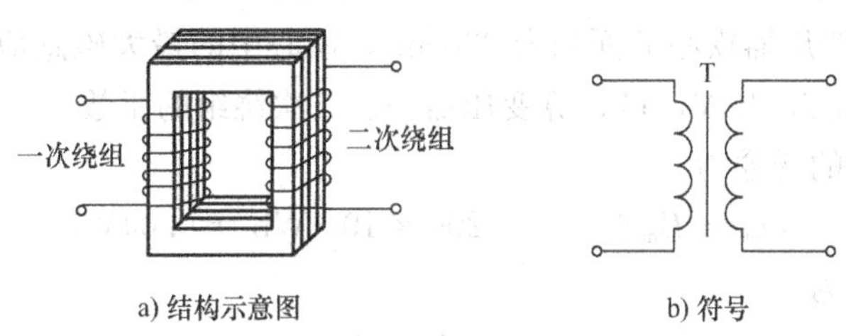

图 3-9　变压器的结构示意图及符号

任务 3.2.2　变压器工作状态的测试

1. 变压器的空载运行

变压器的空载运行是指变压器的一次绕组接入电源，二次绕组开路，如图 3-10 所示。当一次绕组加上正弦交流电 u_1 时，会产生空载电流 i_{10}，磁动势 $i_{10}N_1$ 在铁心中产生磁通 Φ，Φ 同时穿过一、二次绕组，分别感应出电动势 e_1 和 e_2。

设磁通按正弦规律变化，即

$$\Phi = \Phi_m \sin\omega t$$

则一次绕组中的感应电动势为

$$e_1 = -N_1 \frac{d\Phi}{dt} = -N_1 \omega \Phi_m \cos\omega t = N_1 \omega \Phi_m \sin\left(\omega t - \frac{\pi}{2}\right)$$

感应电动势的有效值为

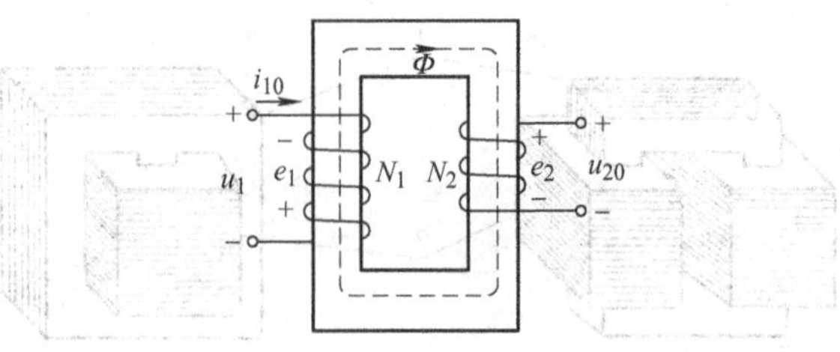

图 3-10　变压器的空载运行

$$E_1 = \frac{N_1 \omega \Phi_m}{\sqrt{2}} = \frac{2\pi f N_1 \Phi_m}{\sqrt{2}} = 4.44 f N_1 \Phi_m \tag{3-4}$$

同理，二次绕组中感应电动势的有效值为

$$E_2 = 4.44 f N_2 \Phi_m \tag{3-5}$$

由式(3-4) 和式(3-5) 可得

$$\frac{E_1}{E_2} = \frac{N_1}{N_2} \tag{3-6}$$

因为 $U_1 \approx E_1$、$U_2 \approx E_2$，所以

$$\frac{U_1}{U_2} \approx \frac{E_1}{E_2} = \frac{N_1}{N_2} = K_u \tag{3-7}$$

式中，K_u 为变压器的电压比。$K_u > 1$ 时，是降压变压器；$K_u < 1$ 时，是升压变压器。

例 3.1　已知某变压器铁心的面积为 200cm²，铁心中的最大磁感应强度为 2T，若要把 10kV 的工频交流电变为 220V，试计算变压器一、二次绕组的匝数。

解：铁心中最大的磁通为

$$\Phi_m = B_m A = 2 \times 200 \times 10^{-4}\,\text{Wb} = 0.04\text{Wb}$$

一次绕组的匝数为

$$N_1 = \frac{U_1}{4.44 f \Phi_m} = \frac{10 \times 10^3}{4.44 \times 50 \times 0.04}\,\text{匝} = 1126\,\text{匝}$$

二次绕组的匝数为

$$N_2 = \frac{U_2}{4.44 f \Phi_m} = \frac{220}{4.44 \times 50 \times 0.04}\,\text{匝} = 25\,\text{匝}$$

或
$$N_2 = \frac{U_2}{U_1} N_1 = \frac{220}{10 \times 10^3} \times 1126\,\text{匝} = 25\,\text{匝}$$

2. 变压器的负载运行

变压器的负载运行是指变压器的一次绕组加上额定电压，二次绕组接上负载，如图 3-11所示。

(1) 变压器的电流变换作用　二次绕组在感应电动势 e_2 的作用下，产生感应电流 i_2，i_2 在铁心中又产生磁通，这时变压器铁心中的磁通由一、二次绕组共同产生。由于一次绕组的额定电压保持不变，磁通基本也保持不变，所以一次绕组的磁动势由 $i_{10}N_1$ 变为 i_1N_1，以抵消二次绕组磁动势 i_2N_2 的作用，即变压器负载时的总磁动势与空载时的磁动势基本相等，这就是变压器的磁动势平衡，用公式表示为

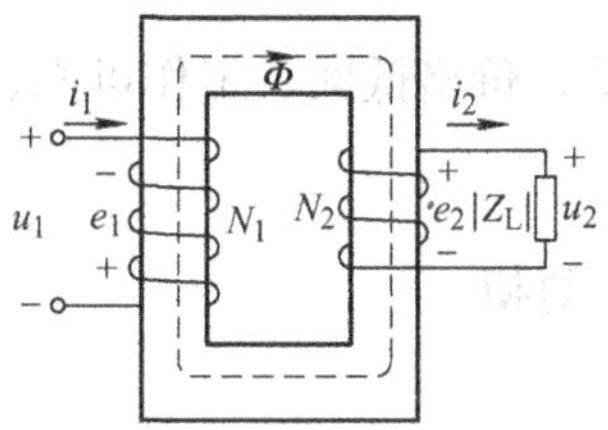

图 3-11　变压器的负载运行

$$\dot{I}_1N_1+\dot{I}_2N_2=\dot{I}_{10}N_1 \tag{3-8}$$

由于 $\dot{I}_{10}$ 很小，所以可得变压器一、二次绕组上电流有效值的关系为

$$\frac{I_2}{I_1}\approx\frac{N_1}{N_2}=K_u \tag{3-9}$$

在理想状态下（不考虑变压器的损耗），变压器输入与输出的功率是相等的，即

$$U_1I_1=U_2I_2 \tag{3-10}$$

可得

$$\frac{U_1}{U_2}=\frac{I_2}{I_1} \tag{3-11}$$

（2）变压器的阻抗变换作用　当变压器一次绕组接电源，二次绕组接负载时，如图 3-12a所示，对于电源来说，点画线框中的电路可以用 $|Z_L'|$ 来代替，如图 3-12b 所示，即图 3-12a 与图 3-12b 是等效的。当忽略了变压器的漏磁和损耗时，其等效阻抗为

$$|Z_L'|=\frac{U_1}{I_1}=\frac{\frac{N_1}{N_2}U_2}{\frac{N_2}{N_1}I_2}=\left(\frac{N_1}{N_2}\right)^2|Z_L|=K_u^2|Z_L| \tag{3-12}$$

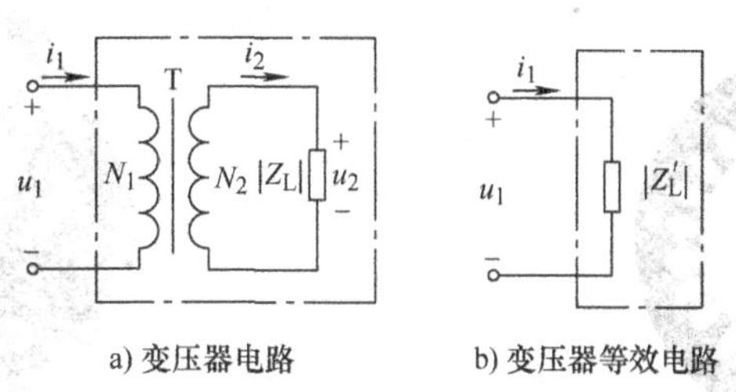

a) 变压器电路　　b) 变压器等效电路

图 3-12　变压器的阻抗变换

在电子线路中，为了提高信号的传输功率，常用变压器将负载阻抗变换成合适的数值，这种做法称为阻抗匹配。

模块 3.3　三相交流电动机功能的测试

能实现机械能与电能之间转换的旋转机械称为电机，电机可分为电动机和发电机两种。把机械能转换成电能的电机称为发电机；将电能转换成机械能的电机称为电动机。

电动机可分为交流电动机和直流电动机两大类。交流电动机又可分为异步电动机和同步电动机两种。

三相异步电动机具有结构简单、价格低廉、工作可靠、易于控制等优点，所以在实际中应用较为广泛。

任务 3.3.1　认识三相交流电动机

1. 三相异步电动机的结构

三相异步电动机主要是由定子和转子两部分组成，如图 3-13 所示。定子是固定不动的，转子是旋转的。

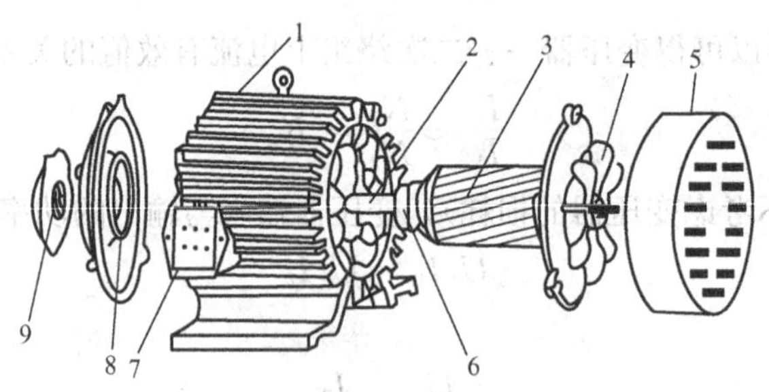

图 3-13　三相异步电动机的结构

1—定子　2—转轴　3—转子　4—风扇　5—罩壳　6—轴承　7—接线盒　8—端盖　9—轴承盖

(1) 定子　定子主要是产生旋转磁场的，它由定子铁心、定子绕组和机壳等部分组成。

① 定子铁心。定子铁心是磁路的一部分，采用 0.3～0.5mm 厚的硅钢片叠加而成，如图 3-14 所示，硅钢片之间是绝缘的。铁心内圆上均匀分布若干槽，用来放置定子绕组，如图 3-15 所示。

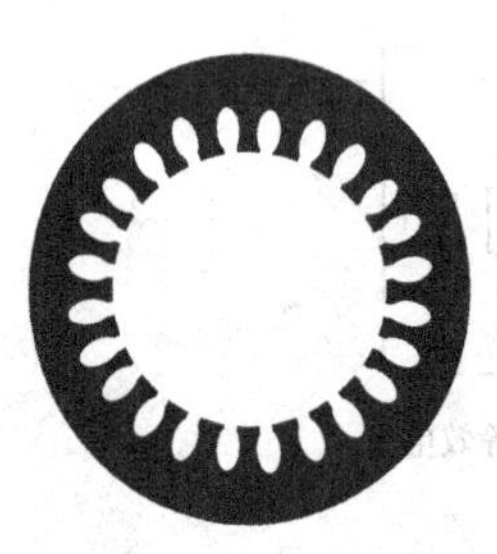

图 3-14　定子绕组的硅钢片

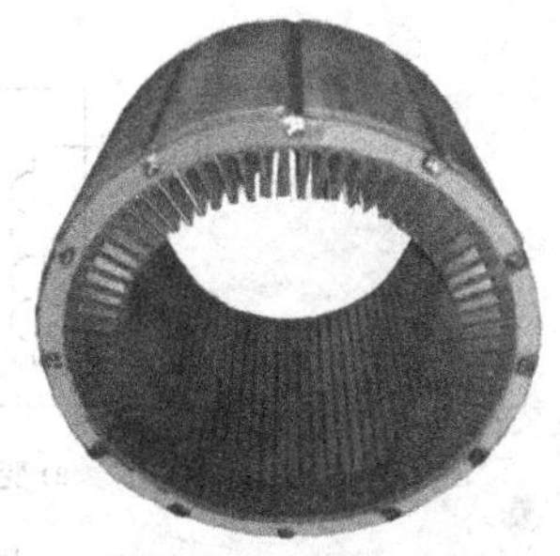

图 3-15　三相电动机的定子绕组

② 定子绕组。定子绕组是电动机的电路部分，用铜线或铝线绕制而成。三相定子绕组的三个首端 U1、V1、W1 和三个末端 U2、V2、W2 都是从机座上的接线盒中引出的，接法有Y联结和△联结两种，如图 3-16 所示。

③ 机壳。机壳包括端盖和机座，主要作用是支持定子铁心和固定整个电动机。机座还是磁路的一部分，一般采用铸铁铸成。

(2) 转子　转子的作用主要是旋转力矩，它主要由转子铁心、转子绕组和转轴组成。

① 转子铁心。转子铁心也是磁路的一部分，也是用 0.3～0.5mm 厚的硅钢片叠加而成，

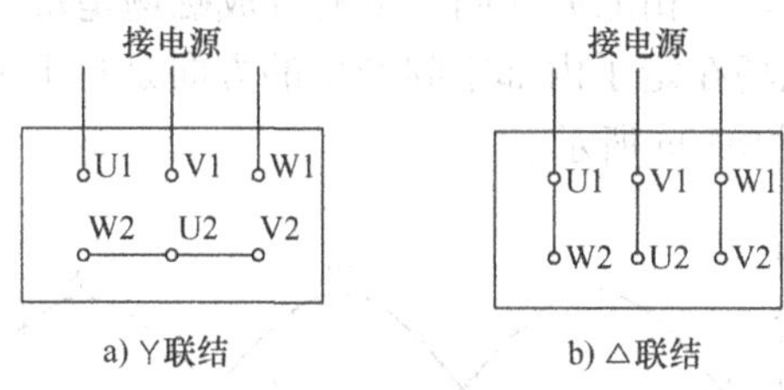

图 3-16　三相电动机定子绕组的接法

如图 3-17 所示。转子铁心固定在转轴上，在其外圆上均匀分布若干槽，用来放置转子绕组。

图 3-17　转子绕组的硅钢片

② 转子绕组。三相异步电动机的转子绕组分为笼型和绕线型两种。三相笼型异步电动机的转子是由安放在转轴铁心槽内的裸导体和两端的短路环连接而成的。由于其形状像一个笼子，故称笼型转子，如图 3-18 所示。

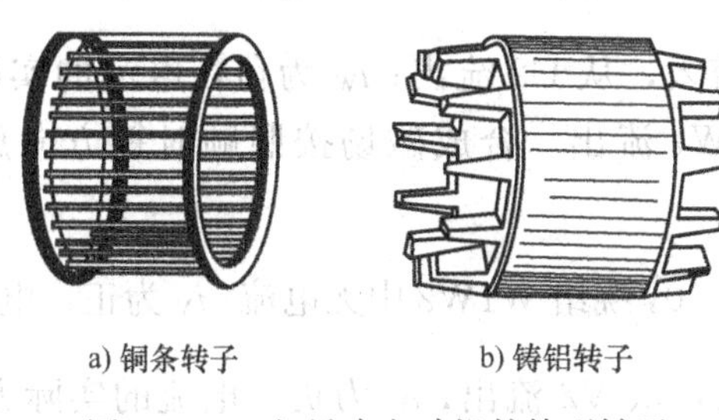

a) 铜条转子　　b) 铸铝转子

图 3-18　三相异步电动机的笼型转子

中小型的笼型异步电动机采用铸铝转子，它是将融合的铝液浇铸在转轴槽内，并连同两端的短路环和风扇一同浇铸在一起。

③ 转轴。转轴一般用中碳钢制成，主要用来固定铁心和传递功率。

2. 三相异步电动机的工作原理

三相异步电动机是利用定子绕组中的三相交流电流所产生的旋转磁场与转子绕组内的感应电流相互作用产生转矩的。

(1) 旋转磁场的产生　三相定子绕组放置在电动机定子槽中，若定子绕组为Y联结，则三相绕组的始端 U1、V1、W1 在空间位置互为 120°，末端 U2、V2、W2 连接在一起。当三相对称电源通入三相绕组中，会产生幅值相等、频率相同、相位差互为 120°的三相对称电流 i_U、i_V、i_W。

① 当 $\omega t=0$ 时，$i_U=0$，绕组 U1U2 中无电流；i_V 为负，电流的实际方向与参考方向相反，即电流是从 V2 流入，从 V1 流出；i_W 为正，电流的实际方向与参考方向相同，即电流

是从 W1 流入，从 W2 流出。三相电流共同产生的合成磁场是每相电流产生磁场相加，根据右手螺旋定则，这个合成磁场在定子内部空间产生的方向是自上而下，即相当于上为 N 极，下为 S 极的两极磁场，如图 3-19a 所示。

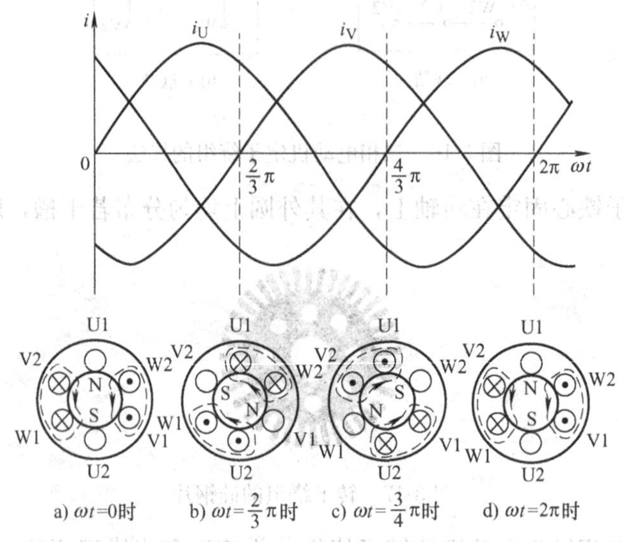

图 3-19 旋转磁场的产生

② 当 $\omega t=\frac{2}{3}\pi$ 时，$i_V=0$，绕组 V1V2 中无电流；i_U 为正，电流的实际方向与参考方向相同，即电流是从 U1 流入，从 U2 流出；i_W 为负，电流的实际方向与参考方向相反，即电流是从 W2 流入，从 W1 流出。合成磁场按照顺时针方向旋转了 120°，如图 3-19b 所示。

③ 当 $\omega t=\frac{3}{4}\pi$ 时，$i_W=0$，绕组 W1W2 中无电流；i_V 为正，电流的实际方向与参考方向相同，即电流是从 V1 流入，从 V2 流出；i_U 为负，电流的实际方向与参考方向相反，即电流是从 U2 流入，从 U1 流出。合成磁场按照顺时针方向又旋转了 120°，如图 3-19c 所示。

④ 当 $\omega t=2\pi$ 时，情况与 $\omega t=0$ 时相同。合成磁场按照顺时针方向再旋转 120°，如图 3-19d所示。

由此可见，随着绕组中三相对称电流的不断变化，合成的磁场也在不断旋转，当电流变化一周时，合成磁场也旋转了 360°。

(2) 旋转磁场的转速　一对磁极的旋转磁场，电流变化一周时，磁场在空间转过一周；两对磁极的旋转磁场，电流变化一周时，磁场在空间转过 1/2 周；……。旋转磁场的转速（也称为同步转速）n_1（r/min）与磁极对数 p、定子绕组电流的频率 f（Hz）之间的关系为

$$n_1=\frac{60f}{p} \tag{3-13}$$

由于我国电源的频率为 50Hz，所以异步电动机的转速与磁极对数的关系见表 3-1。

表 3-1　异步电动机的转速与磁极对数的关系

p	1	2	3	4
n_1/(r/min)	3000	1500	1000	750

（3）三相异步电动机的转动原理　若电动机的定子接通三相交流电，旋转磁场以 n_1 按顺时针方向旋转（见图 3-20），则静止的转子绕组与旋转磁场之间就有了相对运动，从而在转子中产生了感应电动势，由右手定则可判断出，上半部分导体的感应电动势垂直纸面向外，下半部分导体的感应电动势垂直纸面向里，所以在感应电动势的作用下，产生了感应电流。

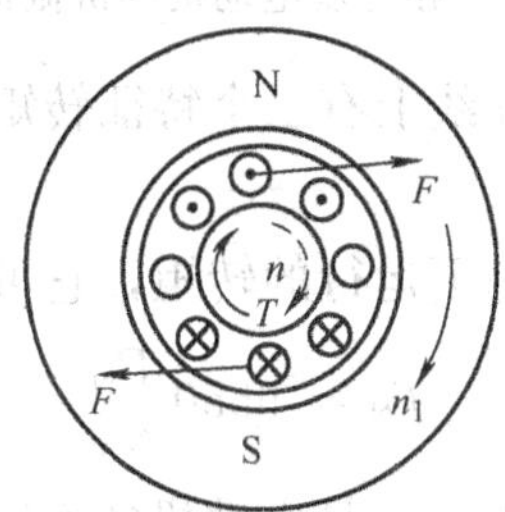

图 3-20　三相异步电动机的转动原理

因为载流导体在磁场中要受到力的作用，所以，用左手定则可判断出转子导体受到的电磁力的方向如图 3-20 所示。

（4）转差率　由于异步电动机转子的转速 n 低于同步转速 n_1，所以将同步转速 n_1 与转子转速 n 的差值称为转速差，转速差与同步转速之比称为转差率，用 s 表示：

$$s=\frac{n_1-n}{n_1} \tag{3-14}$$

转差率是分析异步电动机运转特性的一个重要参数。当电动机刚起动时，$n=0$，则 $s=1$，转差率最大；当电动机的转速达到同步转速（理想的空载转速）时，$n=n_1$，则 $s=0$。所以转差率的范围为 $0\leqslant s\leqslant 1$，电动机在额定状态下运行时，转差率 s 为 0.015～0.06。

例 3.2　一台在工频交流电下运行的三相异步电动机，已知其转速为 1440r/min。试求该电动机的同步转速、磁极对数和额定运行时的转差率。

解：由题可知 $n=1440\text{r/min}$，又因为电动机的额定转速小于且接近于同步转速，所以电动机的同步转速 $n_1=1500\text{r/min}$。由于同步转速 $n_1=\frac{60f_1}{p}$，$f_1=50\text{Hz}$，所以该三相异步电动机有 2 对磁极。

额定运行时的转差率为

$$s=\frac{n_1-n}{n_1}=\frac{1500-1440}{1500}=0.04$$

任务 3.3.2　三相交流电动机机械特性的测试

机械特性是指电动机的转速 n 与电动机的电磁转矩 T 之间的关系，这种关系用曲线表示称为电动机的机械特性曲线。三相异步电动机的机械特性曲线如图 3-21 所示。

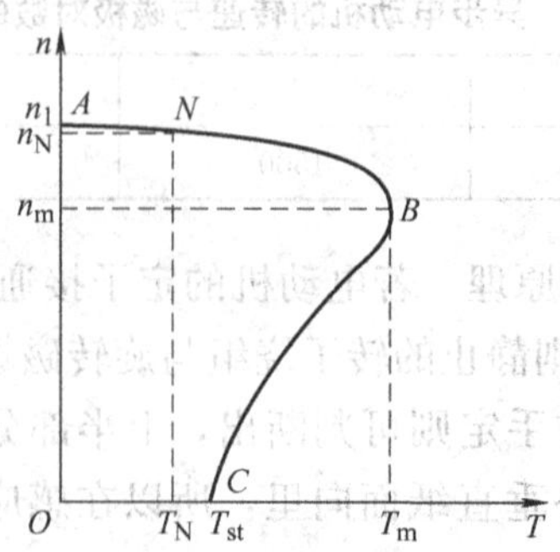

图 3-21　三相异步电动机的机械特性曲线

在三相异步电动机的机械特性曲线上有三个特征转矩。

1. 额定转矩 T_N

额定转矩是指电动机在额定状态下运行的转矩，它可由铭牌上的 P_N 和 n_N 求得：

$$T_N = 9550\frac{P_N}{n_N} \tag{3-15}$$

式中，P_N 是电动机的额定功率（kW）；n_N 是电动机的额定转速（r/min）；T_N 是额定转矩（N·m）。

2. 最大转矩 T_m

最大转矩对电动机的稳定运行有重要的意义。当电动机的负载转矩大于最大转矩时，电动机就要停转，所以最大转矩也叫停转转矩。为了保证负载增大时电动机还能稳定运行，要求电动机有一定的过载能力。电动机的过载能力用过载系数来衡量，可表示为

$$\lambda_m = \frac{T_m}{T_N} \tag{3-16}$$

一般电动机的过载系数在1.8～2.2之间。

3. 起动转矩 T_{st}

起动转矩是电动机在起动瞬间的转矩。只有起动转矩大于负载转矩时，电动机才能起动。起动转矩越大，电动机起动越迅速。常用起动系数 λ_{st} 来衡量电动机的起动能力。

$$\lambda_{st} = \frac{T_{st}}{T_N} \tag{3-17}$$

一般电动机的起动系数 λ_{st} 在1.0～2.2之间。

例 3.3　已知一台异步电动机的额定功率为5.5kW，额定转速为2900r/min，过载系数为2.0，试求该电动机的额定转矩和最大转矩。

解：

$$T_N = 9550\frac{P_N}{n_N} = 9550\times\frac{5.5}{2900}\text{N·m} = 18.1\text{N·m}$$

$$T_m = \lambda_m T_N = 2\times 18.1\text{N·m} = 36.2\text{N·m}$$

任务 3.3.3　三相交流电动机的使用

对三相异步电动机的工作特性要求较多，在此仅介绍三相笼型异步电动机的起动、反

转、调速和制动等运行控制以及三相异步电动机的选择。

1. 三相异步电动机的起动

起动是指电动机接入电源，转子开始运转到电动机稳定运转的过程。在起动的瞬间（$n=0$，$s=1$），转子和定子中的电流很大，定子电流可达到额定电流的 4～7 倍。过大的电流不但会使电动机过热，还会造成输电线上电压降增大，对其他用电设备的工作造成危害。所以，电动机在起动时要限制起动电流，但还要有足够的起动转矩，以缩短起动时间，提高生产效率。

三相笼型异步电动机的起动方法有直接起动和减压起动。

（1）直接起动　将电动机直接接到电源上，电动机在额定电压下起动的方法称为直接起动，也称全压起动，如图 3-22 所示。这种方法简单，设备少，起动时间少，起动电流较大，起动转矩小，所以一般只适应于小型电动机（10kW 以下）的起动。

电动机若能满足下式也可直接起动：

$$\frac{I_{\mathrm{st}}}{I_{\mathrm{N}}} \leqslant \frac{3}{4} + \frac{S}{4P} \tag{3-18}$$

式中，I_{st} 是电动机的起动电流（A）；I_{N} 是电动机的额定电流（A）；S 是供电变压器的容量（kV·A）；P 是电动机的容量（kW）。

（2）减压起动　当电动机的容量大于 10kW，或不满足式(3-18）时，必须采用减压起动。减压起动的目的是限制起动电流和起动转矩。方法有定子绕组串电阻减压起动、Y—△减压起动、自耦变压器减压起动和软起动等。

① 定子绕组串电阻减压起动。这种方法是在电动机定子绕组上加入三相电阻，如图 3-23所示。当合上电源开关 QS1 时，由于有三相电阻的分压，加在电动机上的电压得到降低，起动电流也减小；当电动机的转速接近额定转速时，将开关 QS2 闭合，电动机在额定电压下全压运行。

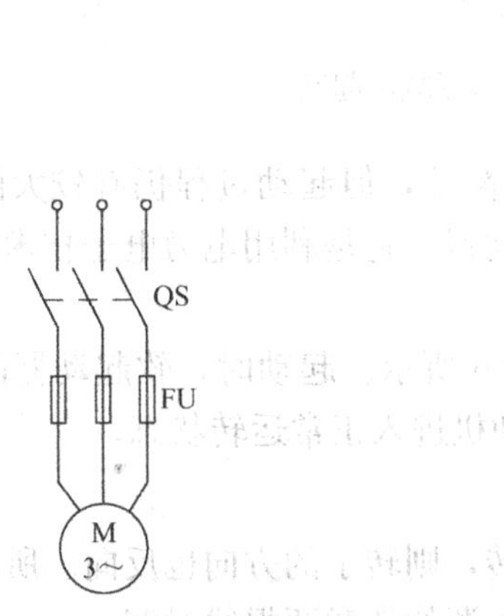

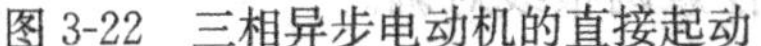

图 3-22　三相异步电动机的直接起动

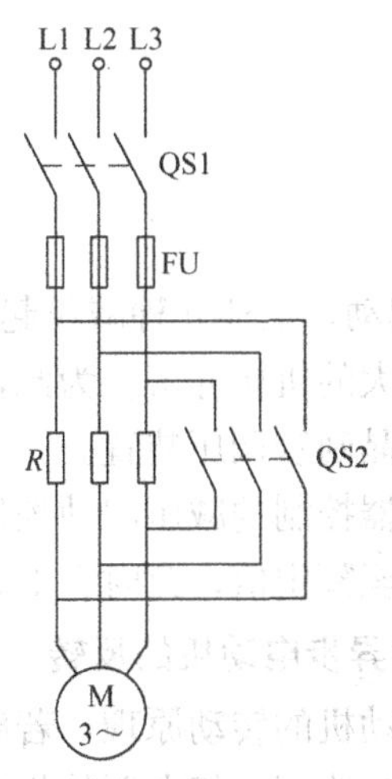

图 3-23　定子绕组串电阻减压起动

② Y—△减压起动。这种方法适用于电动机正常运转时为△联结。起动时，将电动机接成Y联结，使每相绕组的电压降到额定电压的 $1/\sqrt{3}$；当电动机的转速接近额定转速时，再将

电动机接成△联结。电动机Y—△减压起动的控制电路如图 3-24 所示。

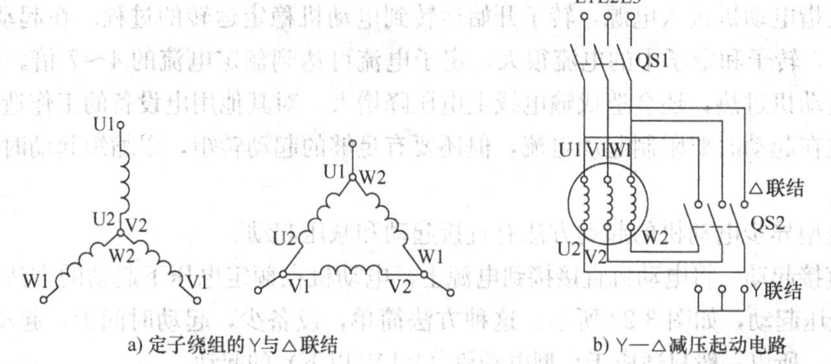

a) 定子绕组的Y与△联结　　b) Y—△减压起动电路

图 3-24　Y—△减压起动

③ 自耦变压器减压起动。对容量较大或运行时为Y联结的电动机，可采用自耦变压器进行减压起动，如图 3-25 所示。自耦变压器的一次绕组接电源，起动时，将开关 QS2 扳到“起动”位置，则自耦变压器的低压侧接电动机的定子绕组，使电动机在低电压下起动；当电动机的转速接近额定转速时，再将开关扳到“运行”位置，电动机则在额定电压下正常运行。

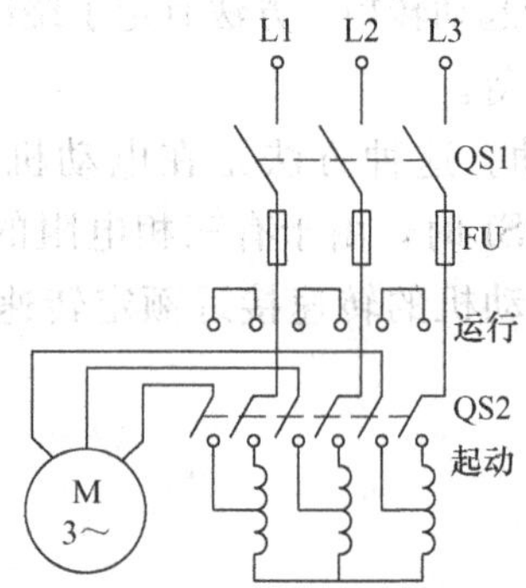

图 3-25　自耦变压器减压起动

④ 软起动。上述几种减压起动的控制电路简单，但起动过程仍有较大的电流冲击，使负载受到较大的机械冲击。为此，可采用软起动器，它是利用电力电子技术与自动控制技术研制的一种晶闸管调压装置。

软起动器控制的减压起动控制电路如图 3-26 所示。起动时，软起动器的输出电压由较小值逐渐升至额定值，此时合上开关 QS2，电动机进入正常运转状态。

2. 三相异步电动机的反转

根据电动机的转动原理，若磁场的方向反转，则转子的方向也反向。所以，改变电动机转向的方法是改变三相电源的相序，即把三相电源的任意两根线对调。

3. 三相异步电动机的调速

调速是指在同一负载下使电动机得到不同的转速。由式(3-13) 和式(3-14) 可得

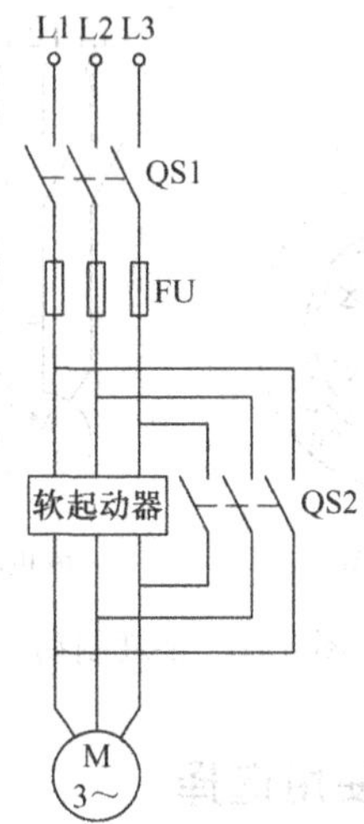

图 3-26　软起动器控制的减压起动控制电路

$$n=\frac{60f}{p}(1-s) \tag{3-19}$$

所以改变电动机转速的方法有三种：变频调速、变极调速、变转差率调速。具体控制见项目 4。

4. 三相异步电动机的制动

制动是指电动机在断开电源后能迅速停转。制动的方式有机械制动和电气制动两种，其中电气制动主要有反接制动和能耗制动。

（1）反接制动　反接制动是在电动机停车时将三相电源中的任意两相电源线对调，如图 3-27所示。此时旋转磁场的方向改变，转子中感应电流和电磁转矩的方向也随之改变，产生制动转矩，在此转矩的作用下，电动机的速度很快降至零。需要注意的是，当电动机的转速接近零时，应断开电源，以防电动机反向起动。

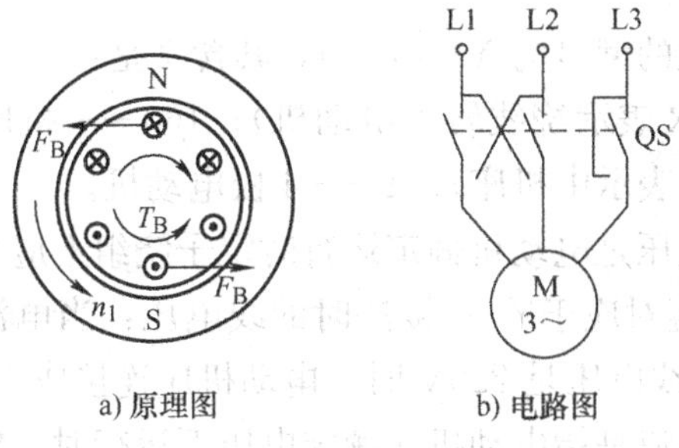

图 3-27　反接制动

（2）能耗制动　能耗制动是在电动机断开三相交流电源的同时，将定子绕组接入直流电源，从而使电动机产生一个静止磁场，如图 3-28 所示。根据左手定则和右手定则，转子感应电流和静止磁场的相互作用所产生的电磁转矩与转子转动方向相反，此转矩称为制动转矩，电动机在该制动转矩的作用下很快停止。

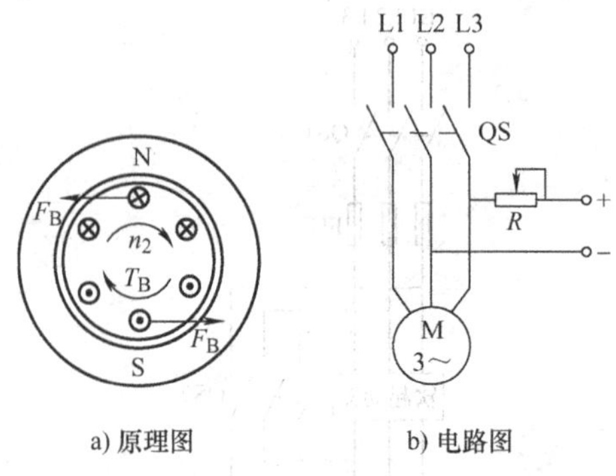

a) 原理图　　b) 电路图

图 3-28　能耗制动

任务 3.3.4　三相交流电动机的使用选择

1. 三相异步电动机的铭牌数据

每台电动机上都有一块铭牌，上面有电动机的型号、额定值、接法等数据，如图 3-29 所示。

三相异步电动机

型号	Y160L-4	连接方式	△
额定功率	15kW	工作方式	S1
额定电压	380V	绝缘等级	B级
额定电流	30.3A	温升	75℃
额定转速	1460r/min	质量	150kg
频率	50Hz	编号	
×××电机厂		出厂日期	

图 3-29　三相异步电动机的铭牌数据

（1）型号　例如电动机的型号为 Y160L－4，其含义是：

Y——笼型电动机（YR 表示绕线转子电动机）；160——机座中心高为 160mm；L——长机座（S 表示短机座，M 表示中机座）；4——4 极电动机。

（2）额定电压　额定电压是电动机额定运行时定子绕组上应加的线电压值。有些电动机有两种电压 380V/220V，应对应于Y/△接法时的线电压：当电源的线电压是 380V 时，电动机应连接成Y；当电源的线电压是 220V 时，电动机应连接成△。

（3）额定电流　额定电流是指电动机在额定电压下运行时，定子绕组上的电流。当电动机有两种电压时，额定电流也有两个，如 6.2A/10.6A 表示当电动机连接成Y时的额定电流是 6.2A，当电动机连接成△时的额定电流是 10.6A。

（4）额定功率　额定功率是指电动机在额定电压下满载运行时，电动机输出轴上的机械功率。

（5）额定转速　额定转速表示电动机在额定运行时转子的转速。

（6）频率　频率表示电动机绕组输入交流电源的频率，我国的频率为 50Hz。

(7) 连接方式 电动机定子绕组的连接方式有Y和△两种。当电动机的功率在4kW以下时，常采用Y联结；当电动机的功率大于4kW时，常采用△联结。

(8) 工作方式 电动机的工作方式有三种：S1（连续工作制）、S2（短时工作制）、S3（断续周期工作制）。

(9) 绝缘等级 绝缘等级是指电动机所用绝缘材料的耐热等级，可分为Y、A、E、B、F、H、C七个等级，常用的绝缘等级与最高允许温度见表3-2。

表3-2 绝缘等级与最高允许温度的关系

绝缘等级	Y	A	E	B	F	H	C
最高允许温度/℃	90	105	120	130	155	180	>180

(10) 温升 温升是指电动机允许高出周围环境温度的最大值。例如某电动机的温升为75℃，若在室温为25℃的环境中，其绕组允许的最高温度为75℃+25℃=100℃。

2. 三相异步电动机的选用

三相电动机的选择应以合理、实用、经济、安全为原则，根据负载的需求和工作条件进行选择。

(1) 类型的选择 应根据生产机械的需要，从技术和经济等方面来选择电动机的类型。通常优先选择笼型异步电动机，其次考虑选择绕线转子异步电动机，最后选择同步电动机或直流电动机。

(2) 结构形式的选择 根据电动机所使用环境的不同，应选择合适的防护形式。常用的防护形式有开启式、防护式、封闭式和防爆式。

(3) 额定功率的选择 应根据电动机拖动的负载合理地选择电动机的功率。对于长期运行的负载，应选择连续工作制的电动机，其额定功率应略大于负载的功率；对于短时工作或周期性工作的负载，应选择特定的电动机，也可选择连续工作制的电动机。

(4) 额定电压的选择 额定电压应根据电网提供的电压等级来确定，同时还要考虑电动机的类型和功率。一般三相电动机的电压是380V，单相电动机是220V。当电动机的功率大于100kW时，应考虑采用3kV、6kV或10kV的高压电动机。

(5) 额定转速的选择 电动机的转速应根据生产机械的要求来选择。转速高的电动机体积小、价格低；转速低的电动机体积大、价格贵。所以，应尽量选择高速电动机，再采用减速机构进行减速。生产机械要求转速越低，减速机构越复杂，因此在实际中应两方面综合考虑。

模块3.4 直流电动机功能的测试

直流电动机是将直流电能转化成机械能的旋转电动机。它比三相异步电动机的结构复杂、价格昂贵、使用和维护要求高。但它的起动转矩大、调速范围宽和具有平滑调速的性能，因此在起重设备、电力牵引设备以及龙门刨床等方面获得广泛的应用。

任务3.4.1 直流电动机的认识

1. 直流电动机的结构

直流电动机也是由定子和转子两部分组成，如图3-30所示。

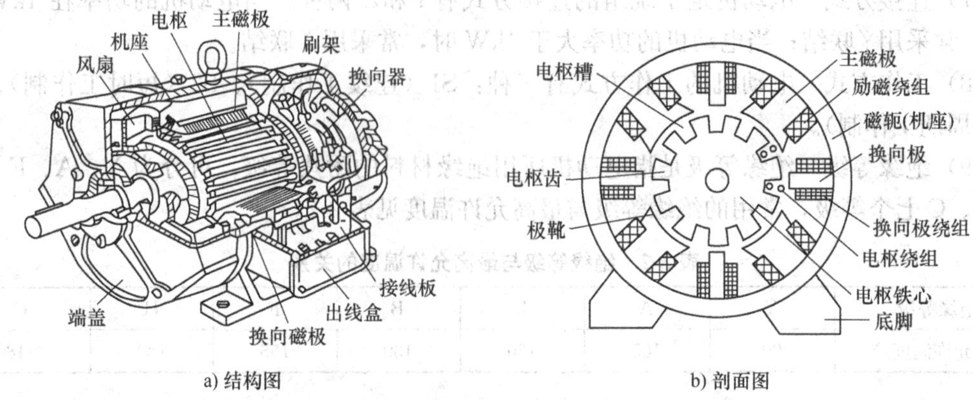

a) 结构图　　b) 剖面图

图 3-30　直流电动机的结构

(1) 定子　定子是直流电动机的静止部分，它包括机座、主磁极、换向极和电刷装置。

① 机座。机座由铸钢或厚钢板制成，用来安放主磁极和换向极等部件，以及对电动机进行保护。直流电动机一般采用整体机座，它有两个作用：导磁的作用和机械支撑的作用。

② 主磁极。大多数的主磁极是由主磁极铁心和励磁绕组制成的。励磁绕组的连接方式有两种：并励和串励。并励绕组的导线细，匝数多；串励绕组的导线粗，匝数少。

小型直流电动机的主磁极是用永久磁铁做成的，故将这种电动机称为永磁直流电动机。

③ 换向极。换向极位于两主磁极之间，用于减小换向器上的火花。换向极一般由整块钢板制成，外面套有换向极绕组。

④ 电刷装置。电刷装置的作用是连接电动机转动部分和静止部分的电流。电刷放在电刷盒里，用弹簧压在换向器上，电刷上有铜辫，可以引入和引出电流。

(2) 转子　直流电动机的转子也称电枢，它是由电枢铁心、电枢绕组、换向器、风扇、转轴和轴承等部分组成。

① 电枢铁心。电枢铁心是直流电动机主磁路的一部分。当电枢旋转时，铁心中磁通方向发生变化，会在铁心中引起涡流与磁滞损耗。为了减小这部分损耗，通常用0.5mm厚的硅钢片冲压成一定形状的冲片，片与片之间涂有绝缘漆。在电枢铁心的圆周上均匀分布有若干槽，槽内可嵌入电枢绕组。

② 电枢绕组。电枢绕组是由多个线圈组成，每个线圈是用涂有绝缘漆的导线绕制而成，线圈镶嵌在电枢铁心的槽内，每个线圈有两个出线端，出线端按一定的规律与换向器相连构成电枢绕组。

2. 直流电动机的工作原理

直流电动机工作原理与其他电动机类似，是在电磁力和电磁感应的基础上建立的，如图 3-31所示，N 和 S 是直流电动机的一对固定的主磁极，图中磁轭和励磁绕组均未画出，电枢绕组只有一个，对应的换向片有两个 1 和 2 ，换向片上有两个电刷 A、B 与外电路接通。

当在电刷上加入直流电压时，如图 3-31a 所示，直流电流通过电刷 A、换向片 1、线圈 abcd、换向片 2、电刷 B 回到电源的负极。根据左手定则可知，线圈 ab 边受到电磁力 f 的

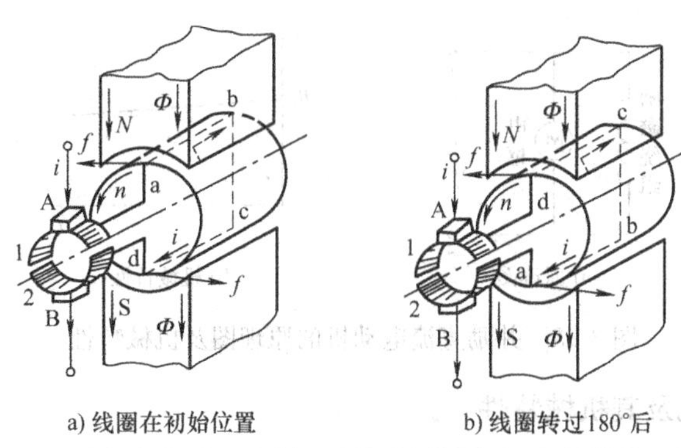

a) 线圈在初始位置　　b) 线圈转过180°后

图3-31　直流电动机的工作原理

方向向左，线圈cd边受到电磁力f的方向向右。这一对电磁力形成了作用于电枢的一个力矩，使电枢按逆时针方向旋转。

当电枢转了180°后，如图3-31b所示，导体cd转到N极下，ab转到S极下时，由于直流电压的方向不变，直流电流仍从电刷A流入，经线圈cd边 、ab边后，从电刷B流出。这时线圈cd边受力方向变为从右向左，线圈ab边受力方向是从左向右，产生的电磁转矩的方向仍为逆时针方向。

由此可见，换向器和电刷的作用是改变电流在绕组中的流向，保证电枢的励磁转矩的方向一致，使电动机始终按一定的方向连续旋转。

任务3.4.2　直流电动机机械特性的测试

根据励磁方式的不同，直流电动机可分为他励直流电动机、并励直流电动机、串励直流电动机和复励直流电动机。由于励磁方式的不同，直流电动机具有不同的特性。

1. 他励直流电动机及其机械特性

他励直流电动机是指励磁绕组和电枢绕组由两个不同的直流电源供电，如图3-32a所示，所以其控制较方便，但需要两套直流电源。其机械特性是稍微向下倾斜的直线，如图3-32b所示。

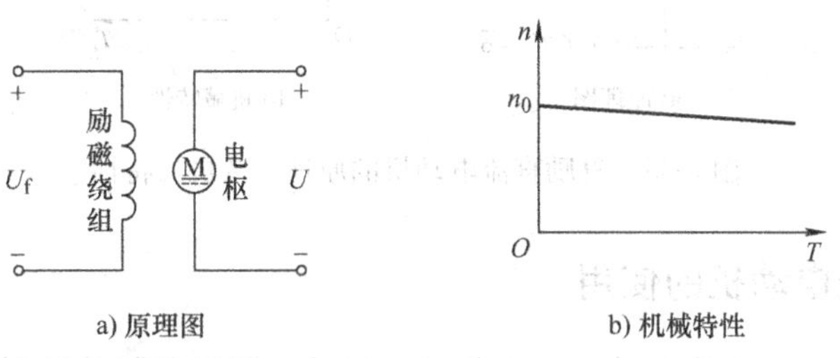

a) 原理图　　b) 机械特性

图3-32　他励直流电动机的原理图及机械特性

2. 并励直流电动机及其机械特性

并励直流电动机的励磁绕组与电枢绕组并联后接入直流电源，如图3-33a所示。并励直流电动机调速范围较大，负载变化时转速比较稳定，只需要一套直流电源。其机械特性是稍微向下倾斜的直线，如图3-33b所示。

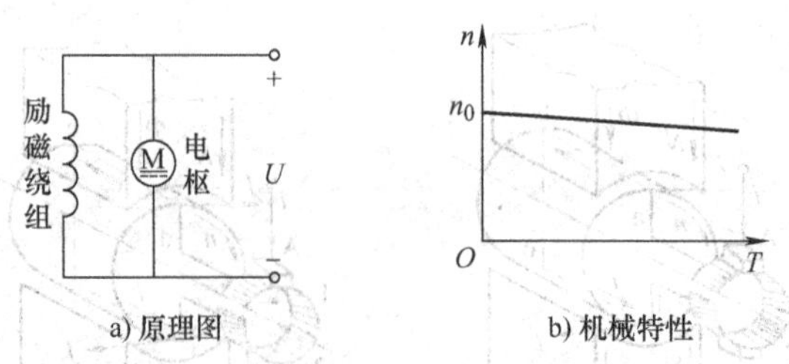

图 3-33　并励直流电动机的原理图及机械特性

3. 串励直流电动机及其机械特性

串励直流电动机的励磁绕组与电枢绕组串联后接入直流电源，如图 3-34a 所示，电动机的励磁电流等于电枢电流。串励直流电动机的机械特性曲线比较陡峭，即转速随着负载的增大而显著下降，这种机械特性称为软特性，如图 3-34b 所示。

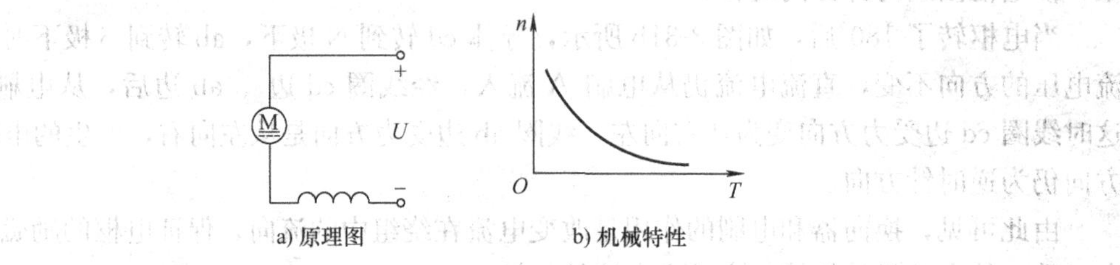

图 3-34　串励直流电动机的原理图及机械特性

4. 复励直流电动机及其机械特性

复励直流电动机既有并励绕组又有串励绕组，如图 3-35a 所示，其机械特性介于并励与串励之间，如图 3-35b 所示。当并励绕组的作用大于串励绕组时，机械特性曲线接近于并励绕组；当串励绕组的作用大于并励绕组时，机械特性曲线接近于串励绕组。

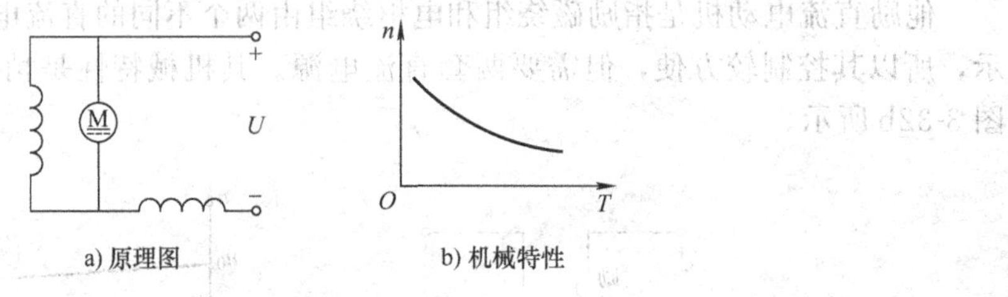

图 3-35　复励直流电动机的原理图及机械特性

任务 3.4.3　直流电动机的使用

与交流电动机类似，直流电动机也有起动、反转、调速和制动控制。

1. 起动

起动是指直流电动机刚接通电源时的瞬间，转速为零的时刻。由于电枢电阻很小，所以起动电流是额定电流的十几倍，这样大的电流主要有两方面的影响：一方面对供电电源产生很大的冲击，易烧毁电动机；另一方面很大的电流将产生很大的起动转矩，对负载产生很大的冲击，损坏传动机构和机械。

所以，直流电动机除极小容量的外，是不允许直接起动的。限制直流电动机起动的方法有两种：降低电枢的端电压、增大电枢电阻。

必须注意的是直流电动机在起动和工作时，励磁电路必须可靠连接，不允许开路。

2. 反转

由于直流电动机的旋转方向是由电磁转矩的方向决定的，因此改变直流电动机的旋转方向的方法有两种：改变励磁电流的方向、改变电枢电压的极性。由于励磁绕组存在很大的电感，在励磁电流换接时会产生很高的感应电动势，所以，通常采用改变电枢电压极性的方法来改变直流电动机的旋转方向。

3. 调速

直流电动机调速的方法有三种：改变电枢电阻、改变励磁磁通和改变电枢电压。

4. 制动

直流电动机的制动方法有能耗制动、反接制动和发电反馈制动三种。

模块3.5　技能训练

任务3.5.1　单相变压器功能的测试

1. 训练目的

1）通过空载实验测定变压器的参数。

2）通过短路实验测定变压器的参数。

2. 训练仪器与设备

1）电源控制屏　　1块

2）单相变压器　　1个

3）交流电流表　　1块

4）交流电压表　　2块

5）功率表　　1块

3. 训练内容及步骤

（1）变压器空载的测试

① 在三相调压交流电源断电的条件下，按图3-36接线。单相变压器的额定容量 $P_N=77V\cdot A$，$U_{1N}/U_{2N}=220V/55V$，$I_{1N}/I_{2N}=0.35A/1.4A$。变压器的低压线圈a、x接电源，高压线圈A、X开路。

② 选好所有测量仪表量程（电压表 V_1 量程为100V，V_2 为300V，电流表为0.3A）。将电源控制屏的调压器旋钮向逆时针方向旋转到底，即将其调到输出电压为零的位置。

③ 合上交流电源总开关，接通交流电源。调节调压器旋钮，使变压器空载电压 $U_0=1.2U_N$（即66V），然后逐次降低电源电压，在（1.2～0.3）U_N（即66～16.5V）的范围内，测取变压器的 U_0、I_0、P_0、U_{AX}。

④ 测取数据时，$U=U_N$ 点必须测，并在该点附近测的点较密，共测取数据7～8组，记录于表3-3中。

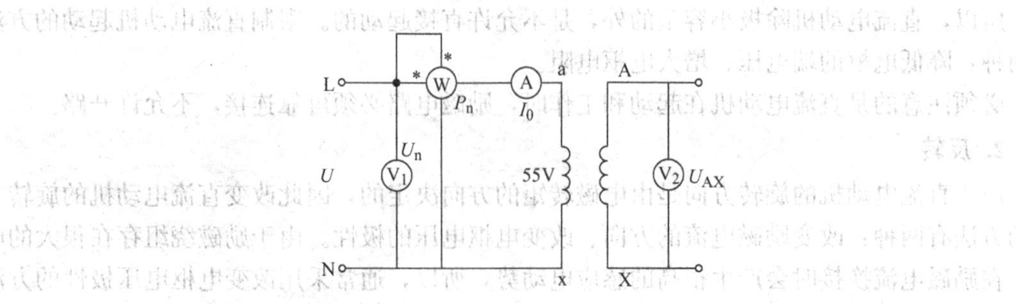

图 3-36　变压器空载测试接线图

⑤ 关闭电源，调压器调回到最小。

表 3-3　变压器的空载测试数据

序号	测试数据				计算数据	
	U_0/V	I_0/A	P_0/W	U_{AX}/V	功率因数 $\cos\varphi_0=\frac{P_0}{U_0I_0}$	电压比 $K=\frac{U_{AX}}{U_0}$
1						
2						
3						
4						
5						
6						
7						
8						

（2）变压器短路测试

① 断开电源，按图 3-37 接线。将变压器的高压线圈接电源，低压线圈直接短路。

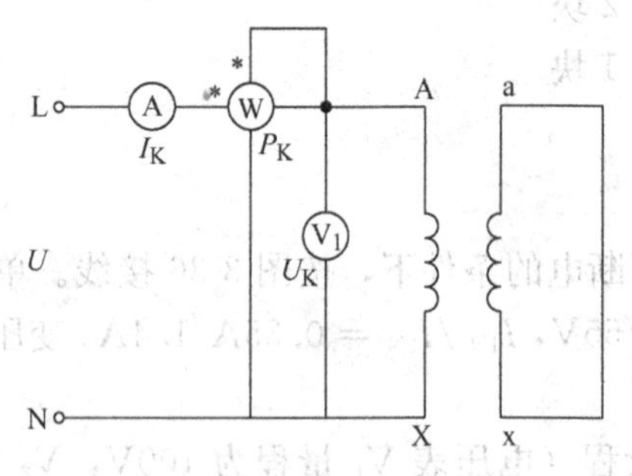

图 3-37　变压器短路测试接线图

② 选好所有测量仪表量程（电压表选 30V，电流表选 1A），将交流调压器旋钮调到输出电压为零的位置。

③ 接通交流电源，逐次缓慢增加输入电压，直到短路电流等于 $1.1I_N$（即 0.385A）为止，在 $(1.1\sim0.2)I_N$（即 0.385～0.07A）范围内测取变压器的 U_K、I_K、P_K。

④ 测取数据时，$I_K=I_N$ 点必须测，共测取数据 6～7 组记录于表 3-4 中。

⑤ 按下停止按钮，钥匙开关拨到“关”位置，左侧调压器旋钮调回到最小。

表 3-4　变压器短路测试数据

序号	测试数据			计算数据
	U_K/V	I_K/A	P_K/W	功率因数 $\cos\varphi_K=\dfrac{P_K}{U_K I_K}$
1				
2				
3				
4				
5				
6				
7				
8				

4. 注意事项

1）在变压器实验中，应注意电压表、电流表、功率表的合理布置及量程选择。

2）短路实验操作要快，否则线圈发热引起电阻变化。

任务 3.5.2　三相笼型异步电动机功能的测试

1. 训练目的

1）掌握三相异步电动机空载测试的方法。

2）掌握三相异步电动机堵转测试的方法。

2. 训练仪器和设备

1）三相笼型异步电动机（$U=220$V，$I=0.5$A，△联结）　1 台

2）交流电压表　3 块

3）交流电流表　3 块

4）功率表　2 块

3. 训练内容及步骤

（1）三相异步电动机的空载测试

① 把交流调压器调至电压最小位置，接通电源，调节调压器旋钮，使电压为 220V。

② 按图 3-38 接线，电流表量程选择 1A。

③ 保持电动机在额定电压下空载运行数分钟，使机械损耗达到稳定后再进行测试。

④ 调节电压由 1.2U_N（即 264V）开始逐渐降低，直至电流或功率显著增大为止。在这范围内读取空载电压、空载电流、空载功率。

⑤ 在测取空载实验数据时，在额定电压附近多测几点，共取数据 7～9 组记录于表 3-5中。

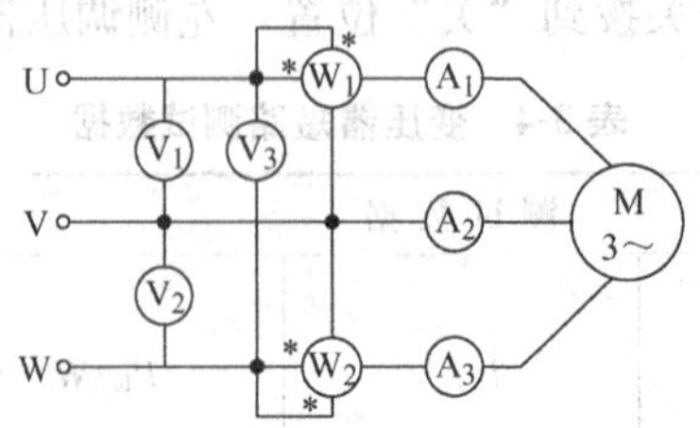

图 3-38　三相笼型异步电动机接线图

表 3-5　三相异步电动机空载测试数据

序号	测量值								计算值			
	U_{UV} /V	U_{VW} /V	U_{WU} /V	I_U /A	I_V /A	I_W /A	P_1 /W	P_2 /W	U_{0L} /V	I_{0L} /A	P_0 /W	$\cos\varphi_0$
1												
2												
3												
4												
5												
6												
7												

表中：$U_{0L}=\dfrac{U_{UV}+U_{VW}+U_{WU}}{3}$，$I_{0L}=\dfrac{I_U+I_V+I_W}{3}$，$P_0=P_1+P_2$，$\cos\varphi_0=\dfrac{P_0}{\sqrt{3}U_{0L}I_{0L}}$。

（2）三相异步电动机的短路测试

① 测量接线图同图 3-38。用手握住异步电动机转子，使电动机不旋转。

② 将调压器退至零，接通交流电源。调节调压器旋钮使之逐渐升压至短路电流达到 1.2 I_N（即 0.6A），再逐渐降压至 0.3 I_N（即 0.36A）为止。

③ 在这范围内读取短路电压、短路电流、短路功率。

④ 共取数据 5～6 组记录于表 3-6 中。

⑤ 测量完后，把调压器推到零，再松开握异步电动机的手。

表 3-6　三相异步电动机短路测试数据

序号	测量值								计算值			
	U_{UV} /V	U_{VW} /V	U_{WU} /V	I_U /A	I_V /A	I_W /A	P_1 /W	P_2 /W	U_{KL} /V	I_{KL} /A	P_K /W	$\cos\varphi_0$
1												
2												
3												
4												
5												
6												
7												

表中：$U_{KL}=\dfrac{U_{UV}+U_{VW}+U_{WU}}{3}$，$I_{KL}=\dfrac{I_U+I_V+I_W}{3}$，$P_K=P_1+P_2$，$\cos\varphi_K=\dfrac{P_K}{\sqrt{3}U_{KL}I_{KL}}$。

任务 3.5.3　三相笼型异步电动机的使用

1. 训练目的

通过实验掌握笼型异步电动机的起动、反向和调速的方法。

2. 训练仪器和设备

1）三相电源及调压器　　1 块

2）交流电压表　　1 块

3）交流电流表　　1 块

4）三相笼型异步电动机（额定电压为 220V、△联结）　　1 台

5）三刀双掷开关　　1 个

3. 训练内容及步骤

（1）三相笼型异步电动机直接起动

① 将交流调压器逆时针退到零位，调节调压器，使输出电压达到电动机额定电压 220V，保持旋钮位置不变。

② 关闭电源，按图 3-39 接线。

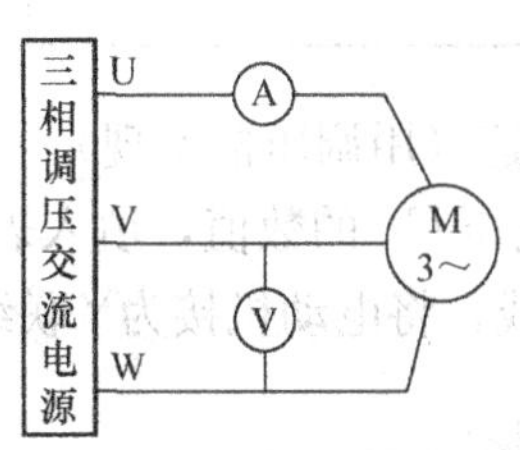

图 3-39　三相笼型异步电动机直接起动测试接线图

③ 接通电源，测量电动机电流、电压及转速，填入表 3-7。

（2）三相笼型异步电动机的反向

断开电源，对调三相电源中的任意两相，测量电动机电流、电压及转速，填入表 3-7 中。测量完切断电源。

表 3-7　三相笼型异步电动机直接起动和反向测试数据

	U/V	I/A	n/(r/min)	转　向
直接起动				
电动机反向				

（3）三相笼型异步电动机的星形—三角形（Y—△）起动

① 保持调压器旋钮位置不变，按图 3-40 接线。

② 三刀双掷开关 Q 合向右边（Y联结）。合上电源开关，测量电压表、电流表及转速，

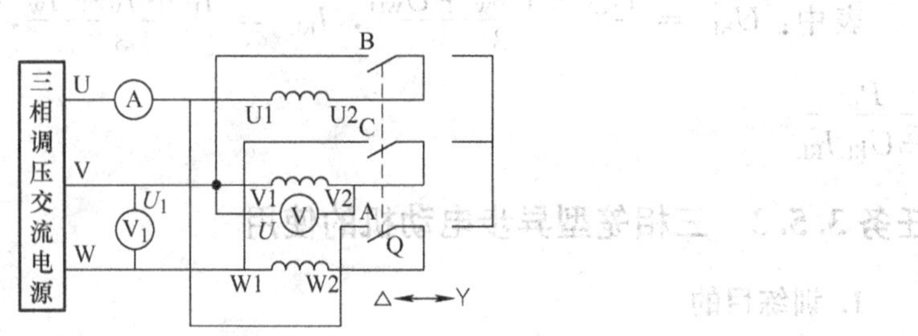

图 3-40 三相笼型异步电动机的星形—三角形起动

填入表 3-8 中。

③ 待转速稳定后快速将 Q 合向左边，使异步电动机正常运行（△联结），整个起动过程结束。测量电压表、电流表及转速，填入表 3-8。

④ 测量完，断开电源。

表 3-8 三相笼型异步电动机星形—三角形（Y—△）起动

连接方式	测 量 值				计 算 值
	I/A	U_1/V	U/V	n/(r/min)	$\frac{U_\triangle}{U_Y}$
Y联结					
△联结					

（4）三相笼型异步电动机的调速（用调压器实现）

① 拆除上图的接线，记录线电压 U_N 的数值，填入表 3-9，并计算 U 值。

② 断开电源，按照图 3-41 接线，将电动机接为Y联结。

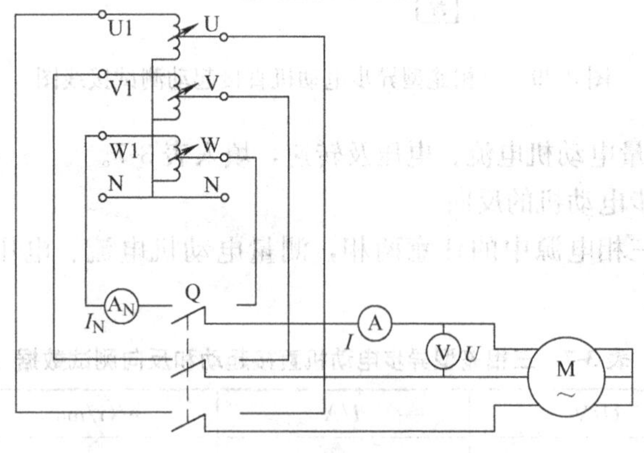

图 3-41 三相笼型异步电动机的调速

③ 将调压器的旋钮逆时针旋转到底，使输出电压为零。

④ 接通交流电源，缓慢旋转调压旋钮，使三相调压器输出端输出电压分别为 40% U_N、60% U_N、80% U_N，测量电压、电流、转速，填入表 3-9 中。

表 3-9　三相笼型异步电动机的调速

	测量值				计算值		
	U_N/V	I_N/A	I/A	n/(r/min)	U	$\frac{U_N}{U}$	$\sqrt{\frac{I_N}{I}}$
40% U_N							
60% U_N							
80% U_N							

习　题

3.1　有两个铁心，线圈的匝数相同，磁路的平均长度也相等，但截面积 $S_1 > S_2$，当通以相同的直流电流时，比较两个铁心中磁通 Φ_1 和 Φ_2 的大小。

3.2　在图 3-42 所示的磁路中，各段的面积均不相同，试写出磁路的基尔霍夫第二定律。

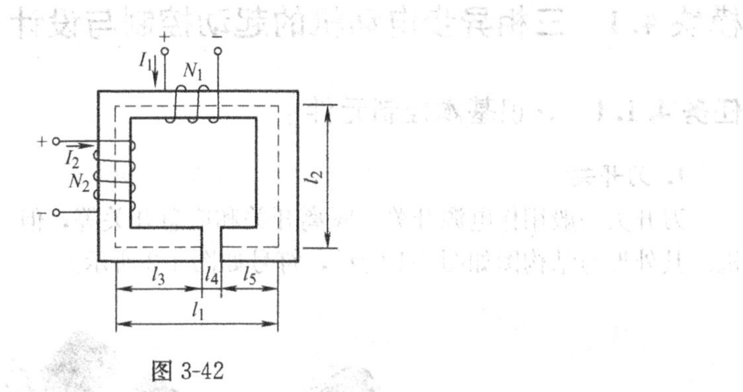

图 3-42

3.3　有一台三相异步电动机，铭牌上标有 380V/220V、Y/△。当电动机分别接成Y和△时，起动电流和起动转矩是否一样？当电源电压为多少时，电动机可以采用Y—△减压起动？

3.4　有一台三相异步电动机，频率为 50Hz，额定转速为 960r/min。试求电动机的磁极对数和转差率。

3.5　有一台三相异步电动机的功率为 10kW，额定转速为 14000r/min，过载系数为 2，起动系数为 1。试求：(1) 额定转矩 T_N；(2) 最大转矩 T_m；(3) 起动转矩 T_{st}。

项目 4　三相异步电动机的控制与设计

凡是能自动或手动接通和断开电路，以及对电路或非电路现象能进行切换、控制、保护、检测、变换和调节的元器件统称为电器，工作在交流电小于1200V、直流电小于1500V的电器称为低压电器。低压电器按其用途或控制对象的不同可分为配电电器和控制电器；按动作方式的不同可分为自动电器和手动电器。

配电电器是用于电能的输送和分配的电器，例如隔离开关、刀开关、熔断器、自动开关等。控制电器是用于各种控制电路和控制系统的电器，例如接触器、继电器、主令电器、控制器、电磁铁等。自动电器是依靠本身参数的变化或外来信号的作用，自动完成接通或分断等动作的电器，例如接触器、继电器。手动电器是用手直接操作来进行切换的电器，例如刀开关、控制器、转换开关等。

模块 4.1　三相异步电动机的起动控制与设计

任务 4.1.1　认识基本控制元件

1. 刀开关

刀开关一般用作电源开关、隔离开关和应急开关等，但一般不用于直接接通或断开电动机。其外形与结构图如图 4-1 所示，符号如图 4-2 所示。

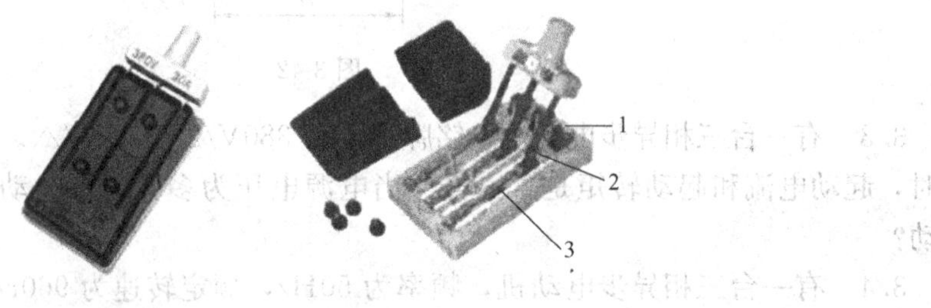

a) 外形　　b) 结构图

图 4-1　刀开关的外形与结构图

1—静触点　2—动触点　3—熔体

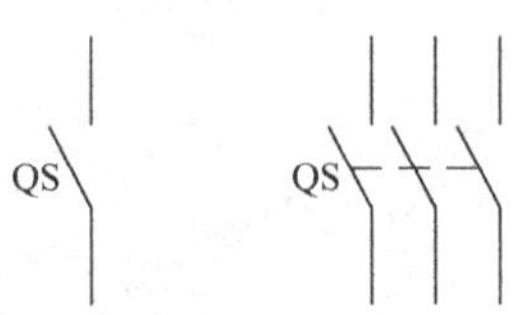

QS　　QS

a) 单相　　b) 三相

图 4-2　刀开关的符号

2. 控制按钮

控制按钮是一种手动且可以自动复位的主令电器，它只能短时接通或分断 5A 以下的小电流电路。由于它电流较小，不能直接操纵主电路的通断，而是在控制电路中发出指令去控制其他电器（如接触器、继电器等），再由它们去控制主电路，它也可用于电气联锁等电路中。

控制按钮的外形与结构图如图 4-3 所示，当按钮未受到外力（即常态）时，动触点 5 在弹簧 6 的作用下使常闭触点 3 与 4 闭合，常开触点 1 与 2 断开；当按钮受到向下的外力时，动触点 5 在外力的作用下向下运动，使常闭触点 3 与 4 断开，常开触点 1 与 2 闭合。当外力消失时，各触点在弹簧的作用下复位。控制按钮的符号如图 4-4 所示。

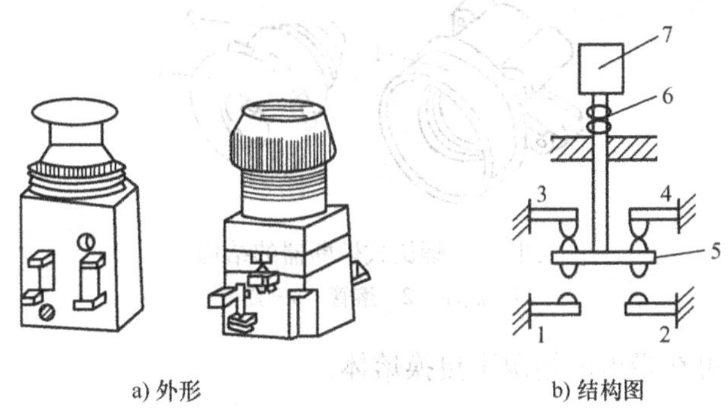

图 4-3　控制按钮的外形与结构图

1、2—常开触点（静触点）　3、4—常闭触点（静触点）　5—动触点　6—复位弹簧　7—按钮帽

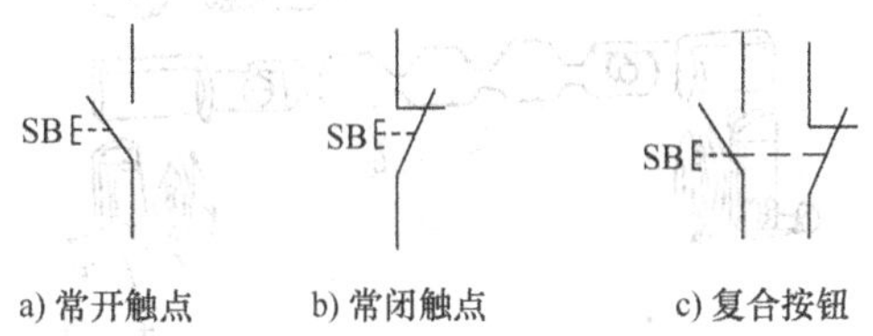

图 4-4　控制按钮的符号

3. 熔断器

熔断器是由熔体（俗称熔丝）和安装熔体的熔管（或熔座）两部分组成。熔体的材料一般是由易熔金属材料如铅、锡、钵、银、铜及其合金制成，通常做成丝状或片状。熔管是装熔体的外壳，由陶瓷、绝缘钢纸或玻璃纤维制成，在熔体熔断时兼有灭弧作用。熔断器在使用时应串接在所保护的电路中，主要用作短路保护。

熔断器可分为瓷插式、螺旋式和有填料密闭式三种。瓷插式熔断器的结构如图 4-5 所示，它具有结构简单、体积小、带电更换熔丝方便，且有较好的保护性，一般用于中、小容量的控制系统中。

螺旋式熔断器的结构如图 4-6 所示，在熔管中装有熔体并装满了石英砂，它具有体积小，结构简单等优点，同时该熔断器带有信号指示装置，当熔体熔断后，带色标的指示头会弹出，便于发现更换。

有填料密闭式熔断器的结构如图 4-7 所示，它具有断流能力强、使用安全等优点，并带

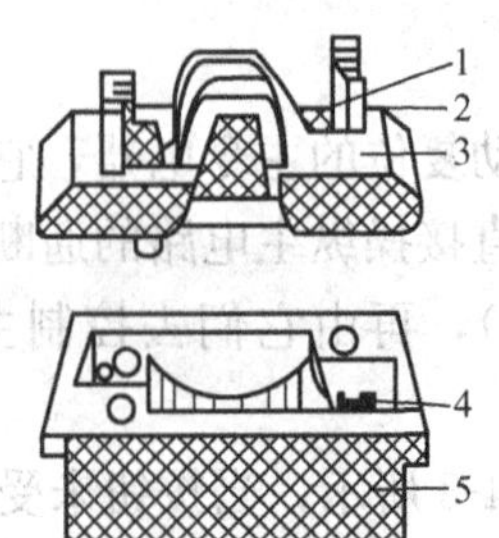

图 4-5　瓷插式熔断器的结构
1—动触点　2—熔丝　3—瓷盖　4—静触点　5—瓷座

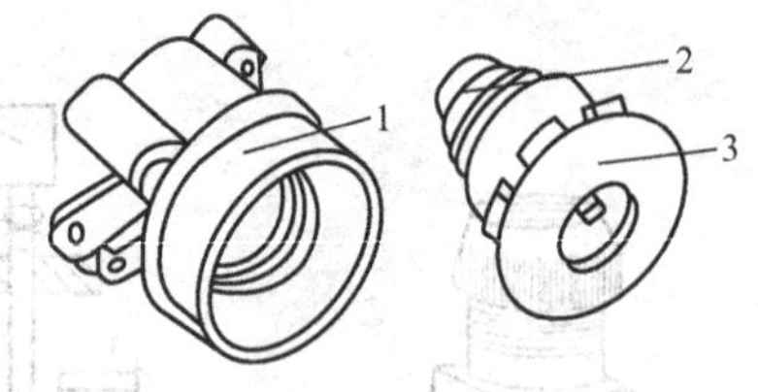

图 4-6　螺旋式熔断器的结构
1—底座　2—熔管　3—瓷帽

有活动的绝缘手柄，可在带电的情况下更换熔体。

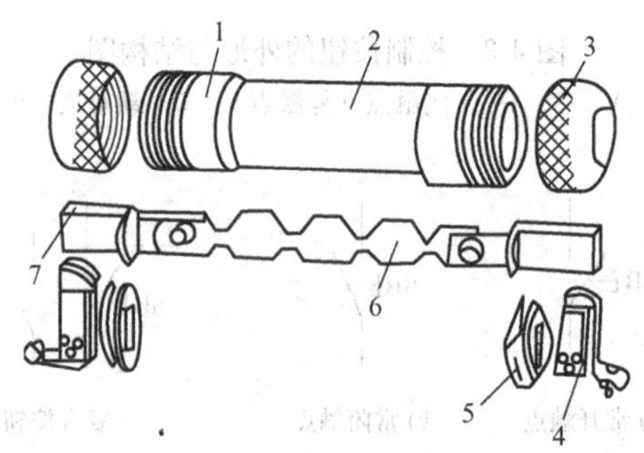

图 4-7　有填料密闭式熔断器的结构
1—铜圈　2—熔管　3—管帽　4—插座　5—垫圈　6—熔片　7—触刀

熔断器的符号如图 4-8 所示。

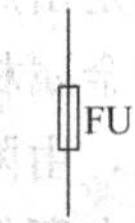

图 4-8　熔断器的符号

4. 接触器

接触器是一种用来频繁接通和断开交、直流电路的自动切换电器。按照通入电流种类的不同，接触器可分为交流接触器和直流接触器。

交流接触器的外形与结构如图 4-9 所示，它是由动、静铁心，线圈及触点等组成，当给线圈 4 通电时，在静铁心 5 上产生吸引力，吸引动铁心 3 向下运动，从而带动触点系统的运动，使常闭触点断开，常开触点闭合。交流接触器的符号如图 4-10 所示。

5. 热继电器

热继电器是通过过大的电流使发热元件发热并弯曲，来推动执行元件动作的电器。热继电器在电路中主要起过载保护作用。

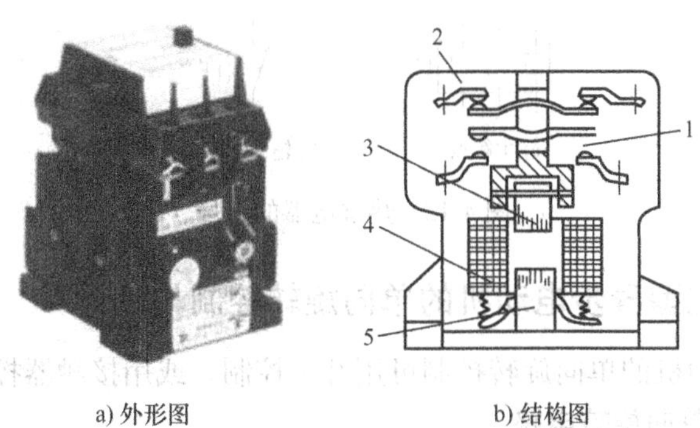

a) 外形图　　b) 结构图

图 4-9　交流接触器的外形与结构

1—常开触点　2—常闭触点　3—动铁心　4—线圈　5—静铁心

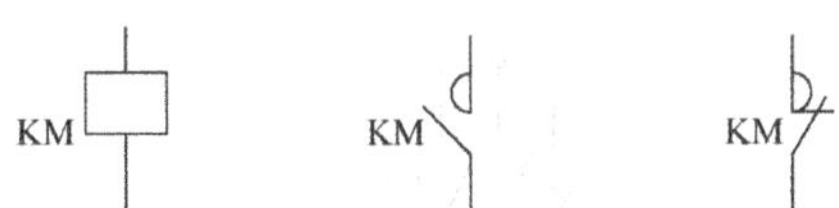

a) 线圈　　b) 主触点的常开触点　c) 主触点的常闭触点

d) 辅助触点的常开触点　e) 辅助触点的常闭触点

图 4-10　交流接触器的符号

热继电器的外形与结构如图 4-11 所示，双金属片 2 与加热元件 3 串联在主电路中，当电动机过载时，双金属片 2 受热弯曲并推动导板 4，使导板推动补偿双金属片 5 与推杆 14，使动触点 9 动作，从而使常闭触点 6 断开，常开触点 7 闭合。

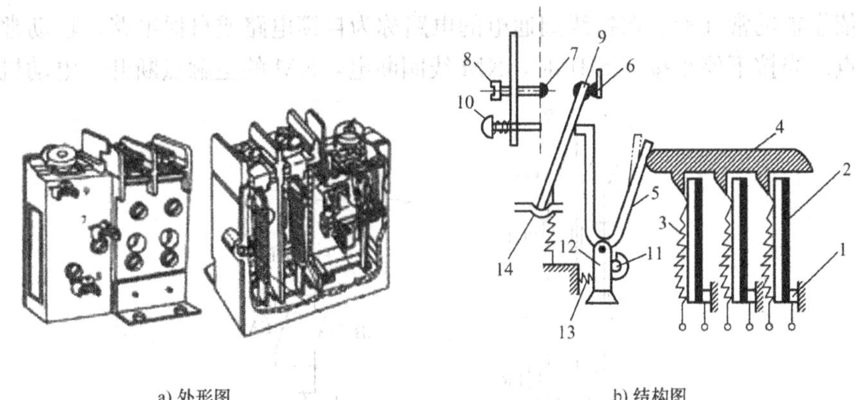

a) 外形图　　b) 结构图

图 4-11　热继电器的外形与结构

1—双金属片固定点　2—双金属片　3—加热元件　4—导板　5—补偿双金属片　6—常闭触点　7—常开触点　8—复位螺钉　9—动触点　10—复位按钮　11—调节旋钮　12—支撑件　13—弹簧　14—推杆

调节偏心的调节旋钮 11 可以改变它的半径，从而改变补偿双金属片 5 与导板 4 的距离，以达到调节整定电流的目的。热继电器的符号如图 4-12 所示。

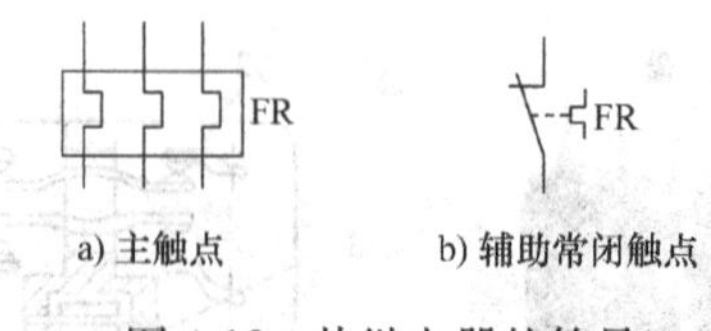

图 4-12　热继电器的符号

任务 4.1.2　三相笼型异步电动机的单向旋转控制与设计

三相笼型异步电动机的单向旋转控制可用开关控制，或用接触器控制。

1. 用开关控制的单向旋转电路

开关控制的单向旋转电路如图 4-13 所示，当合上刀开关 QS 时，电动机 M 旋转；当断开刀开关 QS 时，电动机 M 停止。

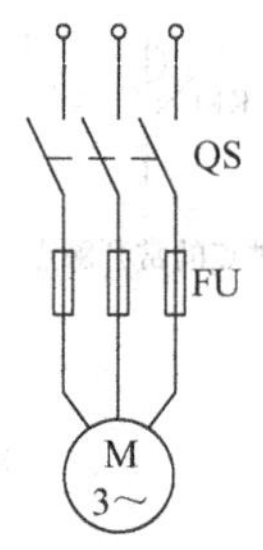

图 4-13　开关控制的单向旋转电路

2. 用接触器控制的单向旋转电路

接触器控制的单向旋转电路如图 4-14 所示，当合上刀开关 QS 时，按下起动按钮 SB2，KM 线圈通电，KM 的主触点闭合，电动机 M 通电旋转。同时与 SB2 并联的辅助常开触点 KM 也闭合，当松开 SB2 时，KM 线圈靠自身的常开触点保持继续通电，使电动机能继续旋转。这种依靠辅助常开触点保持线圈通电的电路称为自锁电路或自保电路。辅助常开触点称为自锁触点。当按下停止按钮 SB1 时，KM 线圈断电，KM 的主触点断开，电动机 M 停止。

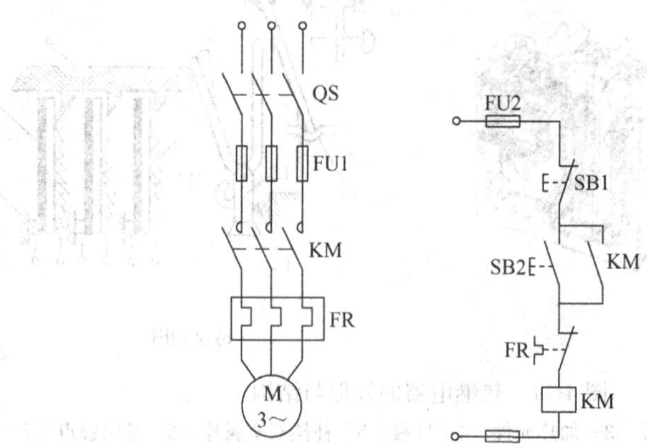

图 4-14　接触器控制的单向旋转电路

接触器控制的单向旋转电路通过熔断器 FU1、FU2 分别对主电路和控制电路进行短路保护，通过热继电器 FR 对电路进行过载保护，通过接触器 KM 对电路进行欠电压和失电压保护。

3. 点动控制电路

点动控制就是按下按钮时电动机转动工作，松开按钮时电动机停转。点动控制电路的主电路如图 4-15a 所示。图 4-15b、c 是两种不同的控制电路。在图 4-15b 中，按下按钮 SB，KM 线圈通电，主电路的常开触点闭合，电动机旋转。松开按钮时，KM 线圈断电，电动机停止运行。图 4-15c 是具有点动控制和连续运转控制的电路，其中 SB1 是停止按钮，SB2 是连续控制的起动按钮，SB3 是点动按钮，具体工作过程请读者自己分析。

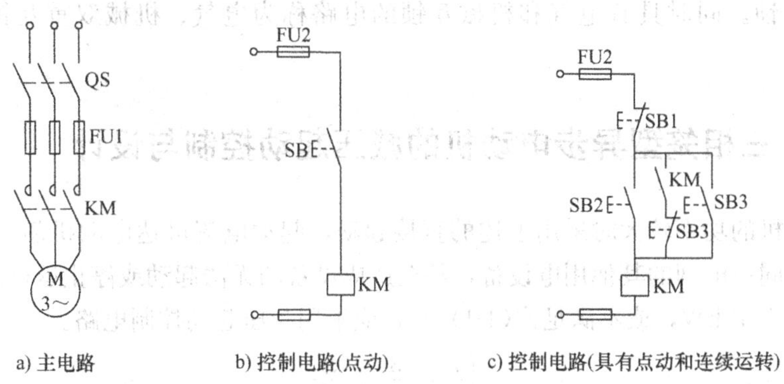

图 4-15　点动控制电路

任务 4.1.3　三相笼型异步电动机的正反转控制与设计

要使电动机改变旋转方向，就要改变三相电源或电动机的相序，即将三相电源或电动机三根相线中的一相保持不变，对调其余两根。在图 4-16a 的主电路中，当 KM1 的触点闭合且 KM2 的触点断开时，电源的三根相线分别接电动机的三根负载线，电动机正转；当 KM2 的触点闭合且 KM1 的触点断开时，电源的第一相接电动机的第三相，电源的第三相接电动机的第一相，第二相保持不变，电动机反转。图 4-16b、c 是它的控制电路。

在图 4-16b 中，按下正转起动按钮 SB2，KM1 线圈通电并自锁，电动机正转；同理当按下反转起动按钮 SB3，KM2 线圈通电并自锁，电动机反转；停止时按下停止按钮 SB1，电动机断电停止。电路中，将 KM1、KM2 的辅助常闭触点串接在对方线圈电路中，保证了

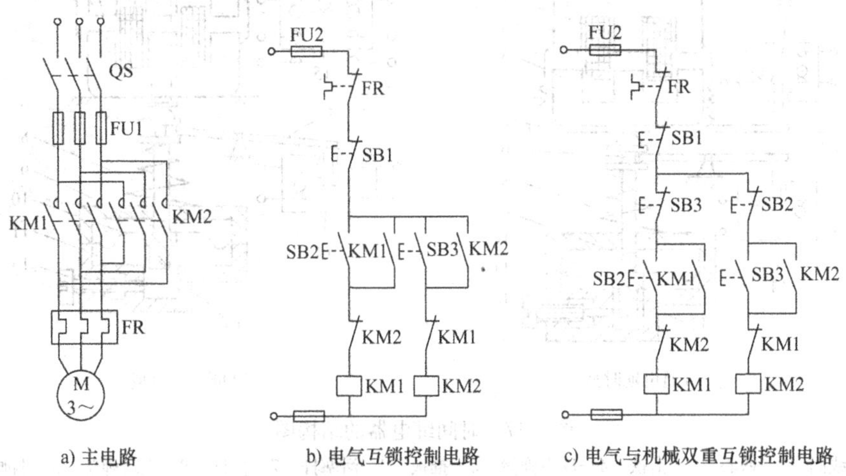

图 4-16　正反转控制电路

电动机在正转的同时，反转不能接通，避免电源两相短路故障的发生。这种将辅助常闭触点串接在对方线圈电路中的控制方法称为互锁或联锁控制，利用接触器或继电器的常闭触点互锁的方式称为电气互锁。该电路欲从正转直接到反转，或由反转直接到正转，必须先按停止按钮，这对于要求频繁正反转控制的电路来说很不经济。所以在图 4-16b 的基础上将正转起动按钮 SB2 和反转起动按钮 SB3 的常闭触点串接在对方的电路中，以实现电动机从正转（或反转）直接到反转（或正转）的作用。这种利用按钮的常闭触点串接在对方电路中的接法称为机械互锁。同时具有电气和机械互锁的电路称为电气、机械双重互锁的电路，如图 4-16c所示。

模块 4.2　三相笼型异步电动机的减压起动控制与设计

如果电动机的功率较大时采用上述的直接起动，起动电流可达电动机额定电流的 4～7 倍，会影响到同一电网的其他用电设备，甚至造成设备的无法起动或停止运行。所以，当电动机的功率大于 10kW，或不满足式(4-1) 时，应采用减压起动控制电路。

$$\frac{I_{st}}{I_N} \leqslant \frac{3}{4} + \frac{S}{4P} \tag{4-1}$$

式中，I_{st} 是电动机直接起动电流（A）；I_N 是电动机额定电流（A）；S 是电源容量（kV·A）；P 是电动机容量（kV·A）。

任务 4.2.1　认识基本控制元件

时间继电器是利用电磁原理或机械原理实现的自动控制电器。它是在感受到信号时，经过一段时间后触点才动作的。时间继电器主要有电磁式、空气阻尼式、电动式和晶体管式等几种形式。延时方式有通电延时和断电延时两种。空气阻尼式时间继电器的结构如图 4-17 所示。

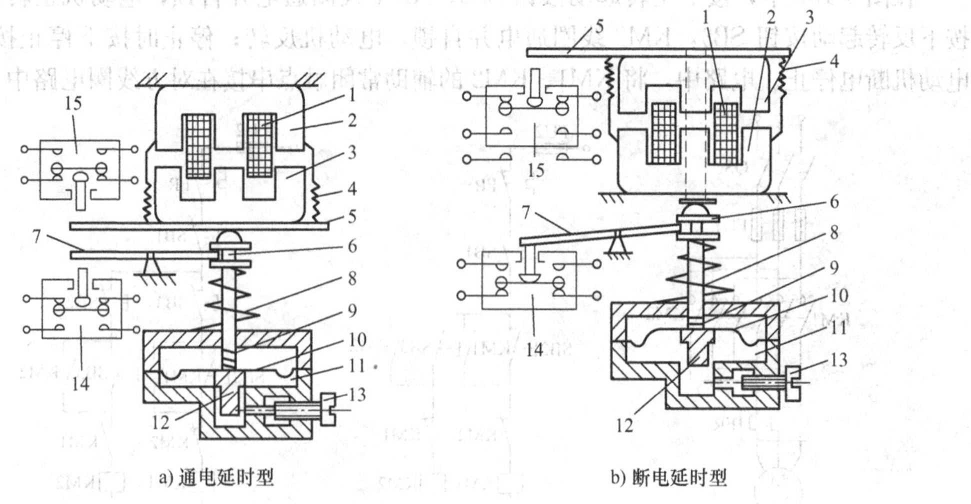

图 4-17　时间继电器的结构图

1—线圈　2—铁心　3—衔铁　4—反力弹簧　5—推板　6—活塞杆　7—杠杆　8—宝塔弹簧　9—弱弹簧　10—橡皮膜　11—空气室壁　12—活塞　13—调节螺杆　14—延时触点　15—瞬时触点

现以通电延时型时间继电器为例说明其工作过程。当线圈 1 通电时，衔铁 3 及推板 5 被铁心吸引而瞬时上移，使瞬时触点 15 闭合或断开。由于活塞杆 6 的上端连着空气室壁 11 的橡皮膜 10，当活塞杆在宝塔弹簧 8 的作用下开始向上运动时，橡皮膜随之上凸，下面的空气变得稀薄而使活塞杆受到阻尼作用而缓慢上升。经过一定时间，活塞杆上升到一定位置，通过杠杆推动延时触点动作。这段的时间就是时间继电器的延时时间。调节螺杆 13 用来改变进气孔的大小，从而可以调节延时时间。当线圈断电后，空气经气孔被排出，各触点复位。时间继电器的符号如图 4-18 所示。

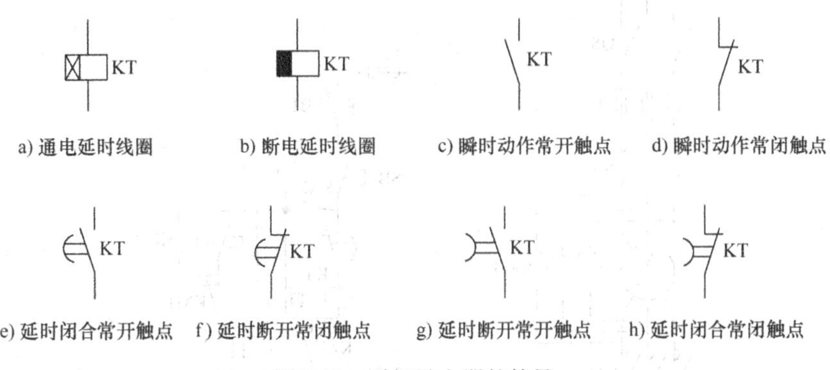

图 4-18　时间继电器的符号

任务 4.2.2　设计三相异步电动机常用的几种减压起动电路

减压起动控制有定子绕组串联电阻减压起动、Y—△减压起动、自耦变压器减压起动等几种方法。

1. 定子绕组串联电阻减压起动控制

定子绕组串联电阻减压起动的控制电路如图 4-19 所示。当按下起动按钮 SB2 时，KM1 线圈通电并自锁，同时 KT 线圈也通电，主电路中电动机串联电阻 R 减压起动。时间继电器 KT 经过一段延时时间后，其延时闭合常开触点闭合，使 KM2 线圈通电并自锁，KM2 主触点闭合，此时电动机全压运行。同时辅助常闭触点断开，使 KM1 线圈断电，自锁触点断开，KT 线圈也断电。

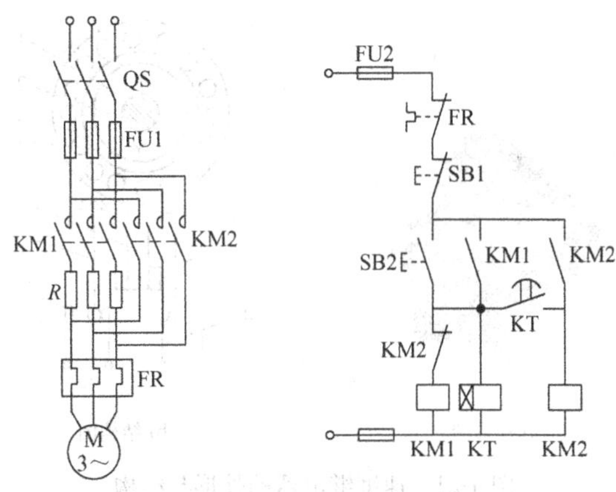

图 4-19　定子绕组串联电阻减压起动的控制电路

2. Y—△减压起动控制

Y—△减压起动控制电路如图 4-20 所示。当按下起动按钮 SB2 时，KM1 线圈，同时 KT、KM2 线圈也通电，KM2 自锁触点闭合自锁，主电路中电动机连接成星形联结，进行减压起动。时间继电器 KT 经过一段延时时间，其延时断开常闭触点断开使 KM1 线圈断电，延时闭合常开触点闭合使 KM3 线圈通电并自锁，KM2 主触点闭合，此时电动机连接成三角形联结，进行全压运行。

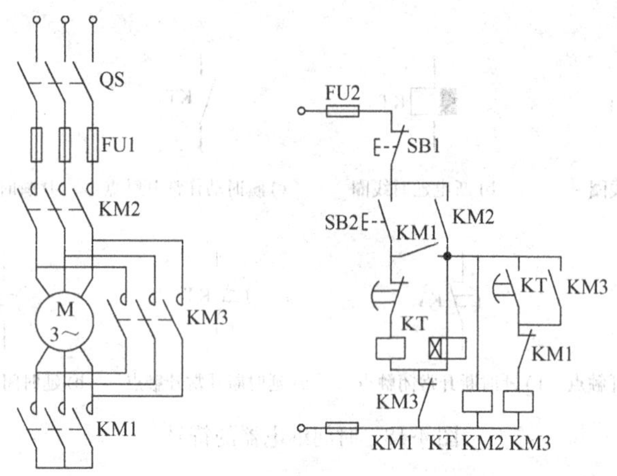

图 4-20 Y—△减压起动控制电路

模块 4.3 三相笼型异步电动机的电气制动控制与设计

任务 4.3.1 认识基本控制元件

速度继电器又称反接制动继电器，它主要由转子、定子、触点等几部分组成。转子是一个圆柱形永久磁铁，定子是一个笼型空心圆环，由硅钢片叠成，并装有笼型绕组。

速度继电器的外形与结构如图 4-21 所示。它的转轴 1 与被控电动机的轴相连接，而定子 3 套在转子 2 上。当电动机转动时，速度继电器的转子 2 也随之转动，定子 3 内的短路导

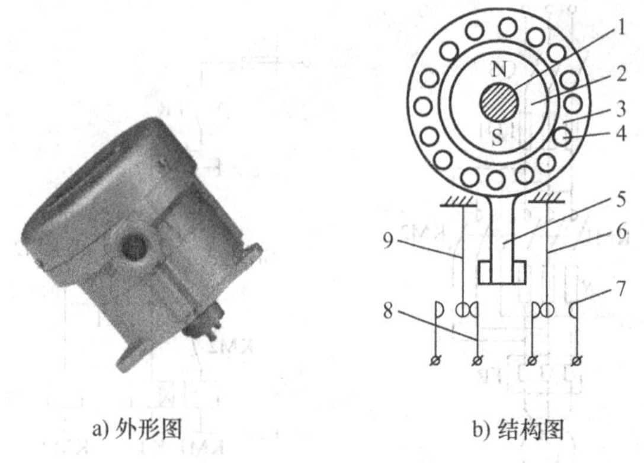

a) 外形图 b) 结构图

图 4-21 速度继电器的外形与结构

1—转轴 2—转子 3—定子 4—绕组 5—摆杆 6、9—动触点 7—常开触点 8—常闭触点

体便切割磁场，产生感应电动势，从而产生电流。此电流与旋转的转子磁场作用产生转矩，于是定子开始转动。当转到一定角度时，装在定子轴上的摆杆5推动动触点6（或9）摆动，使常闭触点断开，常开触点闭合。当电动机转速低于某一值时，定子产生的转矩减小，动触点在弹簧作用下复位。

速度继电器的动作转速为120r/min，触点的复位转速在100/min以下，转速在3000～3600r/min以内能可靠工作。速度继电器的符号如图4-22所示。

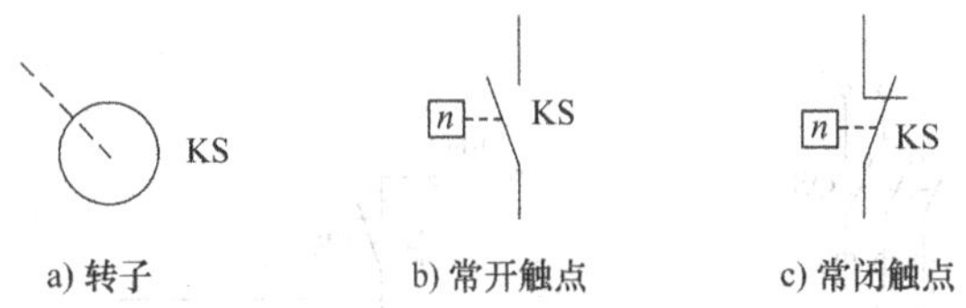

图4-22 速度继电器的符号

任务4.3.2 设计三相异步电动机的电气制动电路

为了减少电动机从断电到停止的时间，提高生产效率，应对电动机采取制动措施。停止制动的方式有机械制动和电气制动两种，其中电气制动主要有反接制动和能耗制动。

1. 反接制动控制电路

反接制动是将电动机断电后，接入反向电源，使旋转磁场的旋转方向同转子实际旋转方向相反，此时的电磁转矩起到制动转矩的作用。

（1）单向反接制动控制电路 单向反接制动控制电路如图4-23所示。当按下起动按钮SB2时，KM1线圈通电并自锁，同时主触头闭合，电动机通电后旋转。当电动机转速上升到120r/min以上时，速度继电器常开触点KS闭合，为制动做好准备。当按下按钮SB1时，SB1的常闭触点使KM1线圈断电，电动机断开电源但由于惯性依然旋转，所以速度继电器KS的常开触点仍然闭合；SB1的常开触点使KM2线圈通电并自锁，使KM2主触点闭合，电动机接入反向电源，定子绕组串接制动电阻开始制动，电动机转速迅速下降，当接近于100r/min时，KS的常开触点复位，使KM2线圈断电，其主触点断开，电动机断电停止运行，制动过程结束。R为反接制动电阻。

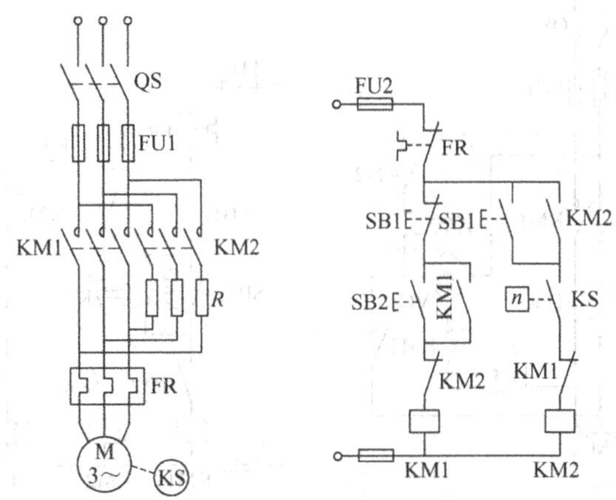

图4-23 单向反接制动控制电路

(2) 可逆运行反接制动控制电路　可逆运行反接制动控制电路如图 4-24 所示。按下正转起到按钮 SB2，KM1 线圈通电并自锁，电动机旋转，当电动机的速度达到 120r/min 时，速度继电器 KS1 的常开触点闭合，常闭触点断开，为制动做准备。当按下停止按钮 SB1 时，KM1 线圈断电，KM2 线圈随之通电，电动机接入反向电源，进入正向反接制动状态。由于 KS1 常闭触点已断开，所以 KM2 自锁触点无法锁住电源。当电动机的速度接近于 100r/min 时，KS1 的正转常闭触点和常开触点复位，KM2 断电，正向反接制动结束。反向制动过程与正向类似。

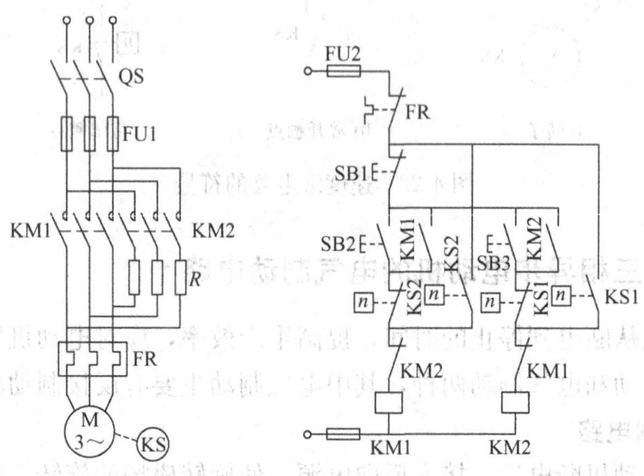

图 4-24　可逆运行反接制动控制电路

2. 能耗制动控制电路

能耗制动是电动机断开三相交流电源的同时，给定子绕组加入直流电源，此时产生一个恒定磁场，以阻止旋转磁场的作用，达到制动的目的。能耗制动能使电动机准确停车。

(1) 按时间原则控制的单向能耗制动控制电路　按时间原则控制的单向能耗制动控制电路如图 4-25 所示。按下停止 SB1，KM2 线圈和 KT 线圈同时通电并自锁。KM2 的主触点闭合，电源中的两相通过变压器 T 进入桥式整流电路 VC，输出直流电加到电动机中的两相，在电动机转子绕组中产生制动转矩，抵消电动机定子绕组断电后的惯性转矩，达到制动的目

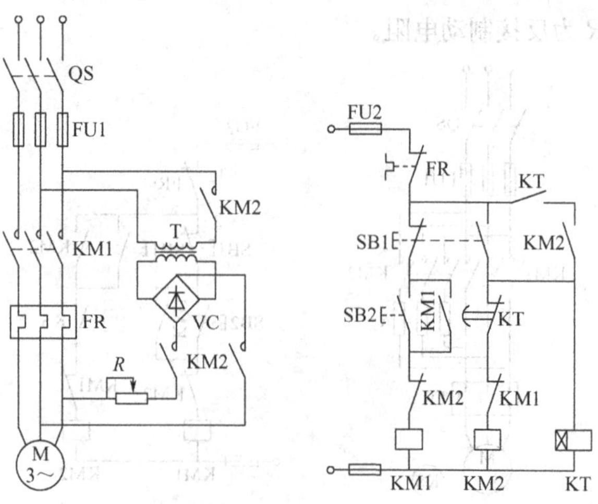

图 4-25　按时间原则控制的单向能耗制动控制电路

的。由于KT线圈也通电，经过一段延时后（即电动机转速接近零时），时间继电器的延时触点断开，KM2线圈断电，其主触点断开，切断直流电源，电动机停止。

（2）按速度原则控制的可逆运转能耗制动控制电路 按速度原则控制的可逆运转能耗制动控制电路如图4-26所示。按下正转或反转起动按钮SB2或SB3，接触器KM1或KM2通电并自锁，电动机运转。当电动机的速度达到120r/min时，速度继电器的常开触点KV1或KV2闭合，为制动做准备。当按下停止按钮SB1时，电动机脱离三相电源，同时KM3通电，电动机定子接入直流电源进行能耗制动，当电动机的速度接近于100r/min时，KV1或KV2触点断开，KM3继电，能耗制动结束。

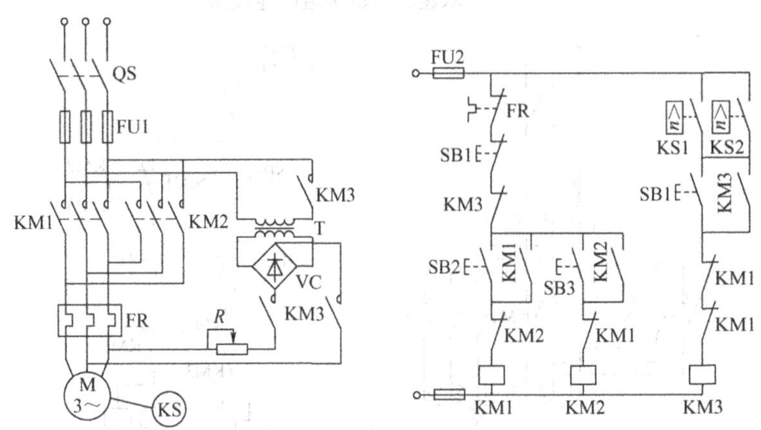

图4-26 按速度原则控制的可逆运转能耗制动控制电路

模块4.4 三相笼型异步电动机的调速控制与设计

调速是指通过人为的方式改变电动机的转速。由前面可知，电动机的速度n是由电源的频率f、电动机的磁极对数p和转差率s决定的，即

$$n=(1-s)\frac{60f}{p} \tag{4-2}$$

所以，三相笼型异步电动机调速的方法有变极调速、变频调速和变转差率调速。

1. 变极调速

变极调速是通过改变电动机定子绕组的连接方式达到改变定子旋转磁场磁极对数，从而改变电动机的转速。常用的变极调速电动机主要是双速电动机。

双速电动机绕组的连接图如图4-27所示。低速时，电动机连接成三角形，此时磁极对数$p=4$，如图4-27a所示；高速时，电动机连接成双星形，此时磁极对数$p=2$，如图4-27b所示。由式(4-2)可知，电动机的转速与磁极对数成反比，所以双星形联结的速度是三角形联结速度的2倍。

双速电动机的控制电路如图4-28所示。低速时，按下低速起动按钮SB2，KM1线圈通电并自锁，电动机的1、2、3号线分别接三相电源，电动机连接成三角形，低速运行；高速时，按下高速起动按钮SB1，KM2和KM3线圈通电并自锁，电动机的4、5、6号线分别接三相电源，1、2、3号线连接成一点，电动机连接成星形，高速运行。

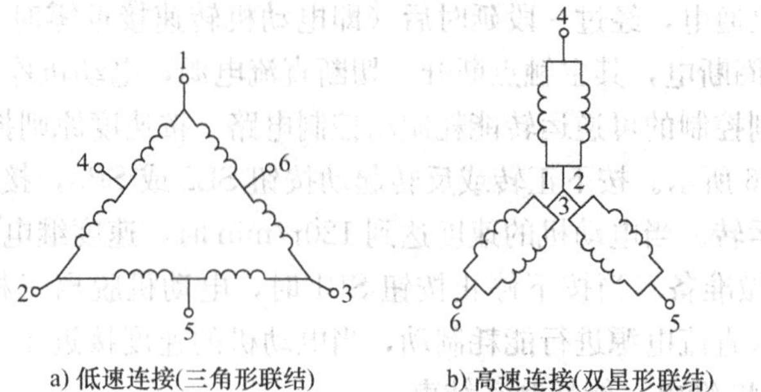

a) 低速连接(三角形联结)　　b) 高速连接(双星形联结)

图 4-27　双速电动机绕组的连接图

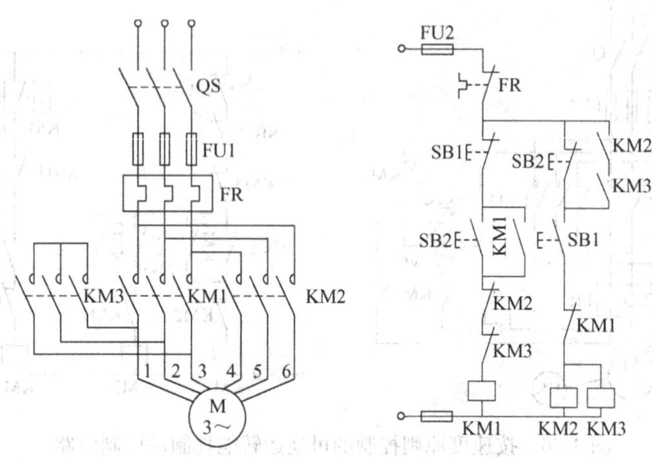

图 4-28　双速电动机的控制电路

此电路在高速运行时，起动电流较大，对设备及电网的影响也较大。图 4-29 是采用时间继电器控制的电路，该电路在高速运行时必须先低速起动，到达一定的时间时，自动切换到高速运行状态。

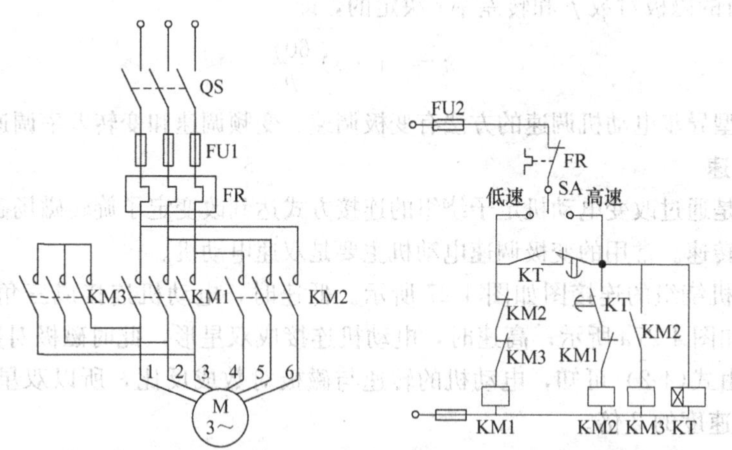

图 4-29　自动控制的双速电动机

2. 变频调速

由式(4-2) 可知，在转差率 s 变化不大的情况下，可以认为调节电动机定子电源频率时，电动机的转速大致随之成正比变化，这就是所谓的变频调速。实现交流电动机调速的装置称为变频器。按照变频的原理，变频器可分为交—交变频器和交—直—交变频器。

交—交变频器是将电网的交流电直接变成可以调压调频的交流电，其框图如图 4-30a 所示。交—直—交变频器是将交流电通过整流变成直流，再将直流电通过晶闸管的频繁关断，使之形成交流电，晶闸管频繁关断的频率决定了输出交流电的频率，其框图如图 4-30b 所示。

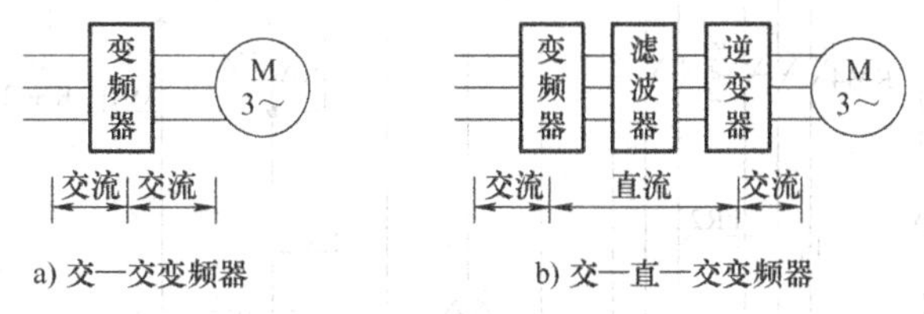

图 4-30　变频器框图

模块 4.5　典型机床电路分析

机床是金属加工的主要设备，机床的种类繁多，主要有车床、铣床、磨床、镗床、钻床、刨床等。在此只介绍几种常用的机床。

任务 4.5.1　普通车床电路分析

普通车床是常用的一种金属加工设备，主要用来车削外圆、端面、内圆、螺纹，也可用于钻头的铰刀、镗刀加工等。卧式车床的型号为

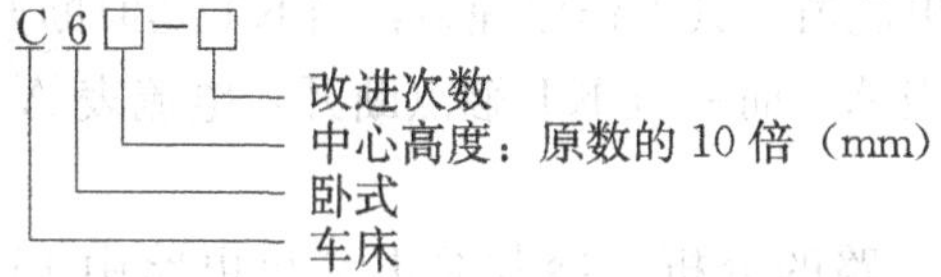

C650 型车床的控制电路如图 4-31 所示。

1. 动力电路分析

（1）电源的引入　三相交流电源 L1、L2、L3 经熔断器 FU 后，由 QS 隔离开关引入 C650 型车床主电路。

（2）主电动机电路的分析　主电动机电路中，FU1 熔断器为短路保护环节，FR1 是热继电器，对电动机 M1 起过载保护作用。

1）主电动机 M1 正反转的控制。KM1 与 KM2 分别为交流接触器。当 KM1 主触点闭合，KM2 主触点断开时，三相交流电源将分别接入电动机的 U1、V1、W1 三相绕组中，主电动机 M1 正转。反之，当 KM1 主触点断开，KM2 主触点闭合时，三相交流电源将分别接入主电动机 M1 的 W1、V1、U1 三相绕组中，与正转时相比，U1 与 W1 进行了换接，主电动机 M1 反转。

2）主电动机 M1 全压与减压状态。如果 KM3 主触点闭合，则电源电流不经限流电阻而直接接入电动机绕组中，主电动机处于全压运转状态。当 KM3 主触点断开时，三相交流电

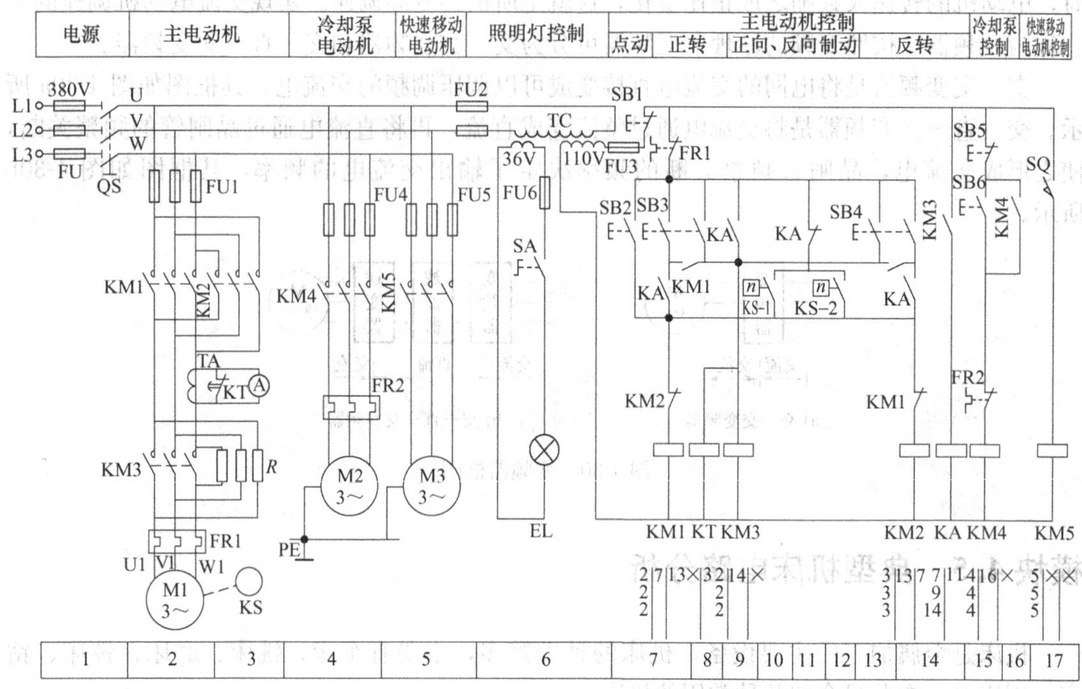

图 4-31　C650 型车床的控制电路

源电流将流经限流电阻 R 而进入电动机绕组，电动机绕组电压将减小。

绕组电流监控电流表 A 在电动机 M1 主电路中起绕组电流监视作用，通过线圈 TA 空套在绕组一相的接线上。当该接线有电流流过时，将产生感应电流，通过这一感应电流间接显示电动机绕组中当前电流值。其工作原理为：当 KT 延时断开常闭触点闭合时，TA 产生的感应电流不经过电流表 A，而一旦 KT 触点断开，电流表 A 就可检测到电动机绕组中的电流。

（3）冷却泵电动机电路的分析　冷却泵电动机电路中 FU4 熔断器起短路保护作用，FR2 热继电器则起过载保护作用。当 KM4 主触点断开时，冷却泵电动机 M2 停转不供液；而 KM4 主触点一旦闭合，M2 将起动供液。

（4）快速移动电动机电路的分析　快速移动电动机电路中 FU5 熔断器起短路保护作用。KM5 主触点闭合时，快速移动电动机 M3 起动，而 KM5 主触点断开时，快速移动电动机 M3 停止。

（5）控制电路和照明灯电路的分析　主电路通过变压器 TC 给控制电路和照明灯电路供电。变压器 TC 一次侧接入电压为 380V，二次侧有 36V、110V 两种供电电源，其中 36V 给照明灯电路供电，而 110V 给车床控制电路供电。

2. 控制电路分析

控制电路从 7 区至 17 区，各支路垂直布置，相互之间为并联关系。各线圈、触点均为原态（即不受力态或不通电态），而原态中各支路均为断路状态，所以 KM1、KM3、KT、KM2、KA、KM4、KM5 等各线圈均处于断电状态，这一现象可称为“原态支路常断”，是机床控制电路读图分析的重要技巧。

（1）主电动机点动控制　SB2是主电动机M1的点动控制按钮。按下SB2时，KM1线圈通电，主电路中的KM1主触点闭合，由QS隔离开关引入的三相交流电将经KM1主触点、限流电阻接入主电动机M1的三相绕组中，主电动机M1串电阻减压起动。当松开按钮SB2时，KM1线圈断电，电动机M1断电停转。

（2）主电动机正转控制　SB3是主电动机M1的正转控制按钮。按下SB3时，KM3线圈与KT线圈同时通电，KM3的常开辅助触点（14区）闭合而使KA线圈通电，KA常开辅助触点（7区）闭合，使KM1线圈通电。而7区的KM1常开辅助触点与9区的KA常开辅助触点对SB3形成自锁。在主电路中，由于KM3主触点与KM1主触点闭合，电动机不经限流电阻R则全压正转起动。绕组电流监视电路中，因KT线圈通电后延时开始，但由于延时时间还未到达，所以KT延时断开常闭触点保持闭合，感应电流经KT触点短路，造成电流表A中没有电流通过，避免了全压起动初期绕组电流过大而损坏电流表A。当KT线圈延时时间到达时，电动机已接近额定转速，绕组电流监视电路中的KT将断开，感应电流流入电流表A将绕组中电流值显示在电流表A上。

（3）主电动机反转控制　主电动机反转控制与正转控制相似，SB4是主电动机M1的反转控制按钮。按下SB4，KM3线圈与KT线圈同时通电，KM3的常开辅助触点（14区）闭合而使KA线圈通电，KA常开辅助触点（14区）闭合，使KM2线圈通电。在主电路中，由于KM2、KM3主触点闭合，电动机全压反转起动。KM1线圈所在支路与KM2线圈所在支路通过KM2与KM1常闭触点实现电气控制互锁。

（4）主电动机反接制动控制　速度继电器KS在安装时，与主电动机M1的主轴同轴，用于对电动机转速进行监控，通过主电动机M1主轴的转速对速度继电器触点的闭合与断开进行控制。其常开触点KS-1、KS-2分别位于第10区和第12区。

当电动机正转起动的转速达到120r/min时，KS-2闭合。制动时按下停止按钮SB1，控制电路中所有电磁线圈都将断电，主电路中KM1、KM2、KM3主触点全部断开，电动机断电降速，但由于正转转动惯性，需较长时间才能降为零速。但是一旦松开SB1，电流经SB1的常闭触点、FR1的常闭触点、KA的常闭触点、KS-2的常开触点、KM1的常闭触点，使KM2线圈通电。在主电路中，KM2主触点闭合，三相电源电流经KM2使U1、W1两相换接，再经限流电阻R接入三相绕组中，在电动机转子上形成反转转矩，并与正转的惯性转矩相抵消，电动机转速迅速下降。当电动机的转速降到小于120r/min时，KS-2断开，KM2线圈断电，电动机M1断电，电动机停止。

同理，当电动机正转起动的转速达到120r/min时，KS-1闭合。制动时按下停止按钮SB1，控制电路中所有电磁线圈都将断电。一旦松开SB1，电流经SB1的常闭触点、FR1的常闭触点、KA的常闭触点、KS-1的常开触点、KM2的常闭触点，使KM1线圈通电。在主电路中，KM1主触点闭合，三相电源电流经KM1主触点，再经限流电阻R接入三相绕组中，电动机转速迅速下降。当电动机的转速降到小于120r/min时，KS-1断开，KM1线圈断电，电动机M1断电，电动机停止。

（5）冷却泵电动机起停控制　按下按钮SB6（15区），KM4线圈通电并自锁。主电路中KM4主触点闭合，冷却泵电动机M2转动并保持。按下SB5，KM4线圈断电，冷却泵电动机M2停转。

（6）快速移动电动机点动控制　行程开关SQ（17区）是由车床上的刀架手柄控制。转动刀架手柄，行程开关 SQ 将被压下而闭合，KM5 线圈通电。主电路中 KM5 主触点闭合，驱动刀架快速移动电动机 M3 起动。反向转动刀架手柄复位，SQ 行程开关断开，则电动机 M3 断电停转。

(7) 照明电路　照明灯开关 SA（6 区）置于闭合位置时，EL 灯亮。SA 置于断开位置时，EL 灯灭。

C650 型卧式车床电气原理图中电气元件符号及名称见表 4-1。

表 4-1　C650 型车床电气元件符号及名称

符　号	名　称	符　号	名　称
M1	主轴电动机	SB2	主电动机正转点动按钮
M2	冷却泵电动机	SB3	主电动机正转按钮
M3	快速移动电动机	SB4	主电动机反转按钮
KM1	主电动机正转接触器	SB5	冷却泵电动机停转按钮
KM2	主电动机反转接触器	SB6	冷却泵电动机起动按钮
KM3	短接限流电阻接触器	TC	控制变压器
KM4	冷却泵电动机起动接触器	FU1～FU6	熔断器
KM5	快速移动电动机起动接触器	FR_1	主轴电动机过载保护热继电器
KA	中间继电器	FR_2	冷却泵电动机过载保护热继电器
KT	时间继电器	R	限流电阻
SQ	快速移动电动机点动行程开关	EL	照明灯
SA	开关	TA	电流互感器
KS	速度继电器 QS	隔离开关	
A	电流表		

任务 4. 5. 2　M7130G/F 型卧轴矩台平面磨床电路分析

磨床是利用磨具和磨料（如砂轮、砂带、油石、研磨剂等）对工件的表面进行磨削加工的一种机床。磨床的加工动作即为研磨，研磨工作在机械加工中居于首要地位，切削刀具的磨锐及机械零件的精确制造皆有赖于研磨工作，研磨工作也是精密加工的一部分。磨床的作用是进行高度精密和粗糙面相当小的磨削，可进行高效率磨削。磨床能加工淬硬钢、硬质合金等硬度相当高的材质，也可以加工玻璃、花岗石等脆度较高的材料。

磨床按工作性质可分为外圆磨床、内圆磨床、平面磨床、工具磨床等。平面磨床主要由床身、工作台、电磁吸盘、砂轮箱（又称磨头）、滑柱和立柱等部分组成。

M 代表“磨”，M7 表示“平面及端面磨床”，M71 表示“卧轴矩台平面磨床”；30 代表“工作台面宽度 300mm”；G 是重大改进顺序号，G 相当于第 7，表示第 7 次改进；F 是其他特性代号，F 代表“复合”。

1. 机床的工作环境

机床安装处的环境温度不得高于 40℃，最低温度不得低于+5℃，2h 内的平均温度不得超过+35℃。机床必须安装在海拔 2000m 以下。机床工作环境的空气中不得含有灰尘、酸盐和腐蚀性气体。电气设备工作温度处在 20℃以下时，环境相对湿度允许达到 90%；当机床最高工作温度处在 40℃时，相对湿度不得超过 50%。机床电器的防护等级为 IP54，电气系统的总容量请参看电气箱门上的电气数据铭牌。

2. 机床的电气系统

本机床采用三相四线制电源供电，线电压为 380V，频率为 50Hz，进线为 L1、L2、L3 三根相线和接地线 PE。设备使用前请将机床电气箱中的接地母线与工厂的接地系统用不小于 $6mm^2$ 的多股铜芯线可靠连接，以防机床漏电，确保安全。若工厂所在电网的电压波动超过 10%，频率低于 49Hz，或高于 51Hz，用户必须外加稳压、稳频装置。

本机床共四台电动机，分别为砂轮电动机 M1、冷却泵电动机 M2、液压泵电动机 M3、升降电动机 M4，其电气控制图如图 4-32 所示。

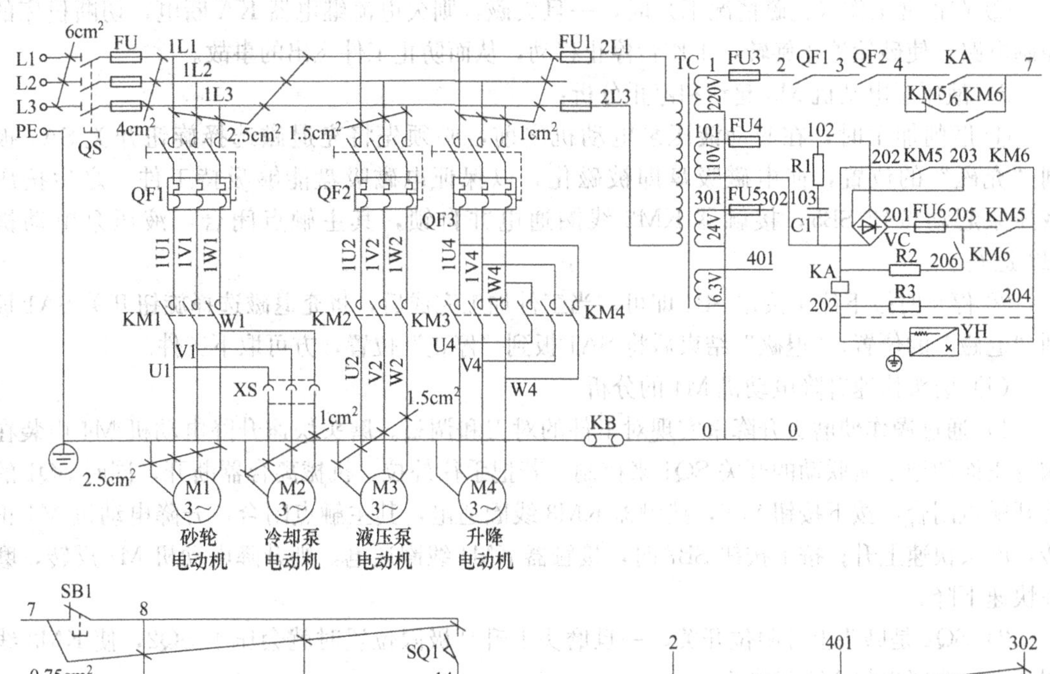

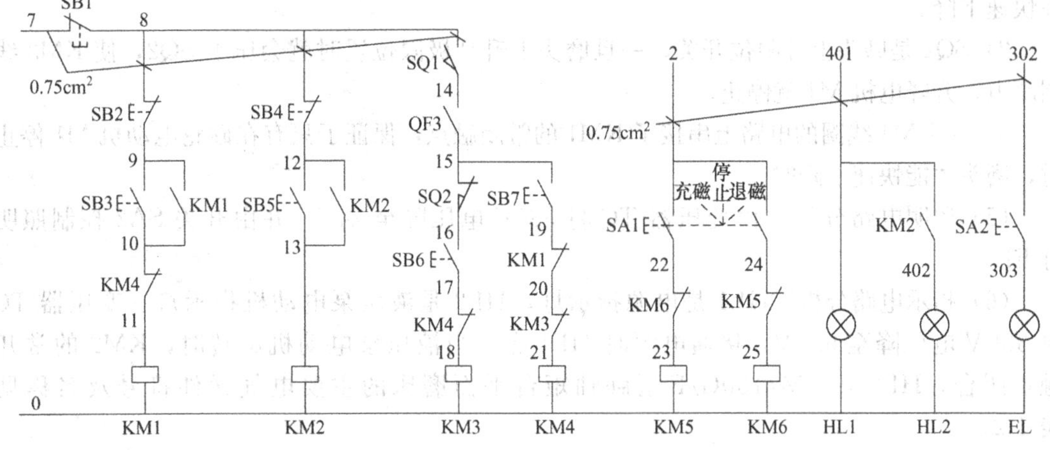

图 4-32　M7130G/F 型卧轴矩台平面磨床的电路图

3. 控制电路的分析

(1) 砂轮电动机 M1 的分析　砂轮电动机 M1 的主电路由 QF1、KM1 控制。当按下起动按钮 SB3 时，接触器 KM1 线圈通电并自锁，其主触点闭合，砂轮电动机 M1 开始运转(此时应为顺时针方向)。若要停止砂轮电动机，只要按压停止按钮 SB2 即可。

(2) 冷却泵电动机 M2 的分析　通过插座 XS 插接与 M1 并联，起动、停止受 SB3、SB2 控制。

(3) 液压泵电动机 M3 的分析

1) 电磁吸盘的工作过程：

① 电磁吸盘是供工件夹持用的，是由充退磁选择旋钮开关 SA1 控制的，SA1 有三个位置："充磁""退磁""停止"。磨削前应将工件妥善放在电磁吸盘上，操作充退磁选择旋钮开关 SA1，使之处于"充磁"位置，则吸盘充磁，只有在确信电磁吸盘已可靠吸持工件后，才能使工作台纵向运动。当充退磁选择旋钮开关 SA1 旋置"退磁"位置时，则吸盘退磁。

② 在正常工作(充磁情况下)时，一旦失磁，则欠电流继电器 KA 断电，切断机床的控制电路，使砂轮停止旋转，工作台停止移动，从而防止工件飞出的事故。

2) 液压泵电动机 M3 起动和停止分析：

① 磨削加工时，在起动液压泵电动机之前，必须先将充退磁选择旋钮开关 SA1 扳到"充磁"的位置，使电磁吸盘即被磁化，以保证电磁吸盘能够吸持工件。之后按压液压泵起动按钮 SB5，接触器 KM2 线圈通电并自锁，其主触点闭合，液压泵电动机 M3 运行。

② 停止时按下停止按钮 SB4 即可。当工件加工完成后，将充退磁选择旋钮开关 SA1 扳到"退磁"的位置，"退磁"结束后将 SA1 扳到"停止"位置，方可取下工件。

(4) 磨头快速升降电动机 M4 的分析

1) 通过操作使磨头升降来实现对工件的对刀和调整。磨头快速升降电动机 M4 由装在床身正面的把手所联动的开关 SQ1 来控制。若把手往外拉，机械离合器断开，同时 SQ1 的常开触点闭合，按下按钮 SB6，接触器 KM3 线圈通电，其主触点闭合，升降电动机 M4 正转，磨头快速上升；按下按钮 SB7 时，接触器 KM4 线圈通电，则升降电动机 M4 反转，磨头快速下降。

2) SQ2 是磨头上升限位开关，一旦磨头上升到极限位置时就会压下 SQ2，使 KM3 线圈断电，升降电机 M4 就停止。

3) 在 KM4 线圈的电路上串接了 KM1 的常闭触点，保证了只有在砂轮电动机 M1 停止时，磨头才能快速下降时。

(5) 照明电路分析　由变压器 TC 将 380V 电压降至 24V，并由开关 SA2 控制照明灯 EL。

(6) 指示电路分析　HL1 是电源指示灯，HL2 是液压泵电动机指示灯。变压器 TC 将 380V 电压降至 6.3V，接通电源时 HL1 亮；当液压泵电动机旋转时，KM2 的常开触点闭合，HL2 亮。M7130G/F 型卧轴矩台平面磨床的主要电气元件符号及名称见表 4-2。

表 4-2　M7130G/F 型卧轴矩台平面磨床的主要电气元件符号及名称

符　　号	名　　称	符　　号	名　　称
M1	砂轮电动机	SB1	总停止按钮
M2	冷却泵电动机	SB2	砂轮电动机停止按钮
M3	液压泵电动机	SB3	砂轮电动机起动按钮
M4	升降电动机	SB4	液压泵电动机停止按钮
FU、FU1～FU6	熔断器	SB5	液压泵电动机起动按钮
QS	电源开关	SB6	磨头快速上升控制按钮
QF1	自动空气开关	SB7	磨头快速下降控制按钮
QF2	自动空气开关	KM1	砂轮和冷却泵电机控制接触器
QF3	自动空气开关	KM2	液压泵电动机控制接触器
XS	冷却泵接连插座	KM3	磨头快速上升控制接触器
TC	变压器	KM4	磨头快速下降控制接触器
SA1	充退磁选择旋钮开关	KM5	充磁控制接触器
SA2	照明灯开关	KM6	退磁控制接触器
SQ1	行程开关	EL	照明灯
SQ2	磨头上升限位开关	HL1	电源指示灯
YH	电磁吸盘	HL2	液压泵电动机指示灯
KA	欠电流继电器	VC	整流电路

任务 4. 5. 3　X6132 型铣床电路分析

1. 铣床的认识

（1）铣床的结构认识　X6132 型万能卧式铣床主要由床身、悬梁及刀杆支架、工作台、溜板和升降台等几部分组成，其外形图如图 4-33 所示。

箱形的床身 13 固定在底座 1 上，在床身内装有主轴传动机构及主轴变速操纵机构。在床身的顶部有水平导轨，其上装有带着一个或两个刀杆支架的悬梁。刀杆支架用来支承安装铣刀心轴的一端，而心轴的另一端则固定在主轴上。在床身的前方有垂直导轨，一端悬持的升降台可沿着它做上下移动。在升降台上面的水平导轨上，装有可平行于主轴轴线方向移动（横向移动）的溜板 5。工作台 7 可沿溜板上部回转盘 6 的导轨在垂直于主轴轴线的方向移动（纵向移动）。这样，安装在工作台上的工件可以在三个方向调整位置或完成进给运动。此外，由于转动部分对溜板 5 可绕垂直轴线转动一个角度（通常为±45°），这样工作台在水平面上除能平行或垂直于主轴轴线方向进给外，还能在倾斜方向进给，从而完成铣螺旋槽的加工。

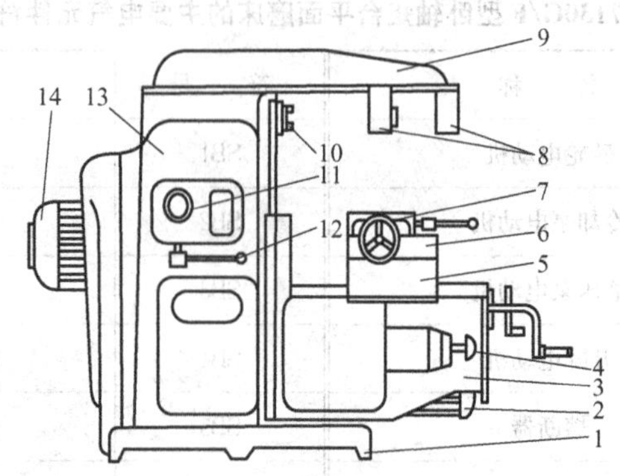

图 4-33 万能卧式铣床外形图

1—底座 2—进给电动机 3—升降台 4—进给变速手柄及变速盘 5—溜板 6—回转盘 7—工作台 8—刀杆支架 9—悬梁 10—主轴 11—主轴变速盘 12—主轴变速手柄 13—床身 14—主轴电动机

(2) 铣床的运动情况认识 铣床的运动主要有主运动、进给运动、旋转进给移动、变速冲动等。

1) 主运动：主运动是铣刀的旋转运动。

2) 进给运动：进给运动是工件相对于铣刀的移动。工作台可进行左右、上下和前后进给移动。

3) 旋转进给移动：旋转进给移动是装上附件圆形工作台。

工作台是用来安装夹具和工件的。在横向溜板上的水平导轨上，工作台沿导轨做左右移动。在升降台的水平导轨上，工作台沿导轨前后移动。升降台依靠下面的丝杠，沿床身前面的导轨同工作台一起上下移动。

4) 变速冲动：为了使主轴变速及进给变速时变换后的齿轮能顺利地啮合，主轴变速时主轴电动机应能转动一下，进给变速时进给电动机也应能转动一下。这种变速时电动机稍微转动一下，称为变速冲动。

5) 其他运动：其他运动主要有进给几个方向的快移动运动；工作台上下、前后、左右的手摇移动；回转盘使工作台向左、右转动±45°；悬梁及刀杆支架的水平移动。除进给几个方向的快移运动由电动机拖动外，其余均为手动。

进给速度低，快移速度高，这些是通过改变传动链来实现的。

(3) 铣床加工对电气控制的要求

1) 主运动的要求：

① 由于铣刀直径、工件材料和加工精度的不同，要求主轴的转速也不同，这些通过机械调速来实现。

② 由于铣床需要顺铣和逆铣两种铣削方式，所以主运动要求是正反转控制。

③ 为了缩短停车时间，主轴停车时采用电磁离合器机械制动。

④ 为使主轴变速时变速器内齿轮易于啮合，减小齿轮端面的冲击，要求主轴电动机在变速时具有变速冲动。

2) 进给运动的要求：

① 进给运动需要纵向、横向和垂直六个方向运动。通过操作选择运动方向的手柄与开

关配合，控制进给电动机的正反转来实现六个方向的运动。

② 在铣削加工中，为了不使工件和铣刀碰撞发生事故，要求进给拖动一定要在铣刀旋转时才能进行，因此要求主轴电动机和进给电动机之间要有可靠的联锁。

③ 为了保证机床、刀具的安全，在铣削加工时，只允许工作台做一个方向的进给运动。在使用圆工作台加工时，不允许工件纵向、横向和垂直方向的进给运动。为此，纵向、横向、垂直方向与圆工作台必须有联锁控制。

④ 为了便于操作，要求在机床的前面和侧面都能对机床进行起动、停止和快速控制，即能对机床实现两地控制。

3）冷却润滑要求：铣削加工中，根据不同的工件材料，为了延长刀具的寿命和提高加工质量，需要切削液对工件和刀具进行冷却润滑。因为冷却有时采用，有时不采用，因此采用转换开关控制冷却泵电动机单向旋转。

此外，还应配有安全照明电路和信号灯指示电路。

2. 控制电路分析

X6132 型万能卧式铣床的电路图如图 4-34 所示。

（1）主轴电动机控制电路分析

1）主轴电动机的起动过程分析。先将 2 区的换向开关 SA3 旋转到顺铣（或逆铣）的位置时，按下起动按钮 SB3 或 SB4（12 或 13 区），接触器 KM1 线圈通电并自锁，主电路中 KM1 的主触点闭合，主轴电动机 M1 起动。

2）主轴电动机的停车制动过程分析。按下停止按钮 SB1 或 SB2，12 区的 SB1－1 或 SB2－1 断开，接触器 KM1 因断电而释放，但主轴电动机因惯性仍然在旋转。当停止按钮按到底时，SB1－2（6 区）或 SB2－2（7 区）闭合，主轴制动离合器 YC1 因线圈通电而吸合，主轴电动机因制动迅速停止旋转。

3）主轴的变速冲动过程分析。主轴变速时，首先将变速盘上的进给变速操作手柄拉出，然后转动变速盘，选好速度后再将进给变速操作手柄推回。当把进给变速手柄推回原来位置的过程中，压动主轴变速冲动开关 SQ7，使 SQ7 的常开触点（11 区）闭合，SQ7 的常闭触点（12 区）断开，使接触器 KM1 线圈瞬间通电吸合，其主触点瞬时接通，主轴电动机做瞬时点动，以便齿轮良好啮合。当进给变速操作手柄复位后，SQ7 的常开触点复位，切断了主轴电动机瞬时点动电路。

4）主轴换刀时的制动过程分析。为了使主轴在上刀或换刀时不随意转动，上刀或换刀前应将主轴制动。将主令开关 SA2 扳到“接通”位置（即换刀位置），其触点 SA2－1（12 区）断开了控制电路的电源，以保证人身安全；另一个触点 SA2－2（8 区）接通了主轴制动电磁离合器 YC1，使主轴不能转动。上刀或换刀后再将转换开关 SA2 扳回“断开”位置，解除主轴制动状态，为电动机起动做好准备。

（2）进给电动机控制电路分析　在 X6132 型万能卧式铣床的电路图中，SQ1、SQ2 为与纵向操作手柄有机械联系的行程开关，SQ3、SQ4 为与横向操作手柄有机械联系的行程开关。当这两个机械操纵手柄处在中间位置时，SQ1～SQ4 都处于未被压下的原始状态，当扳动操纵手柄时，将压下对应的行程开关。SA1 为圆工作台选择开关，它有三对触点、两个工作位置，其工作情况见表 4-3。

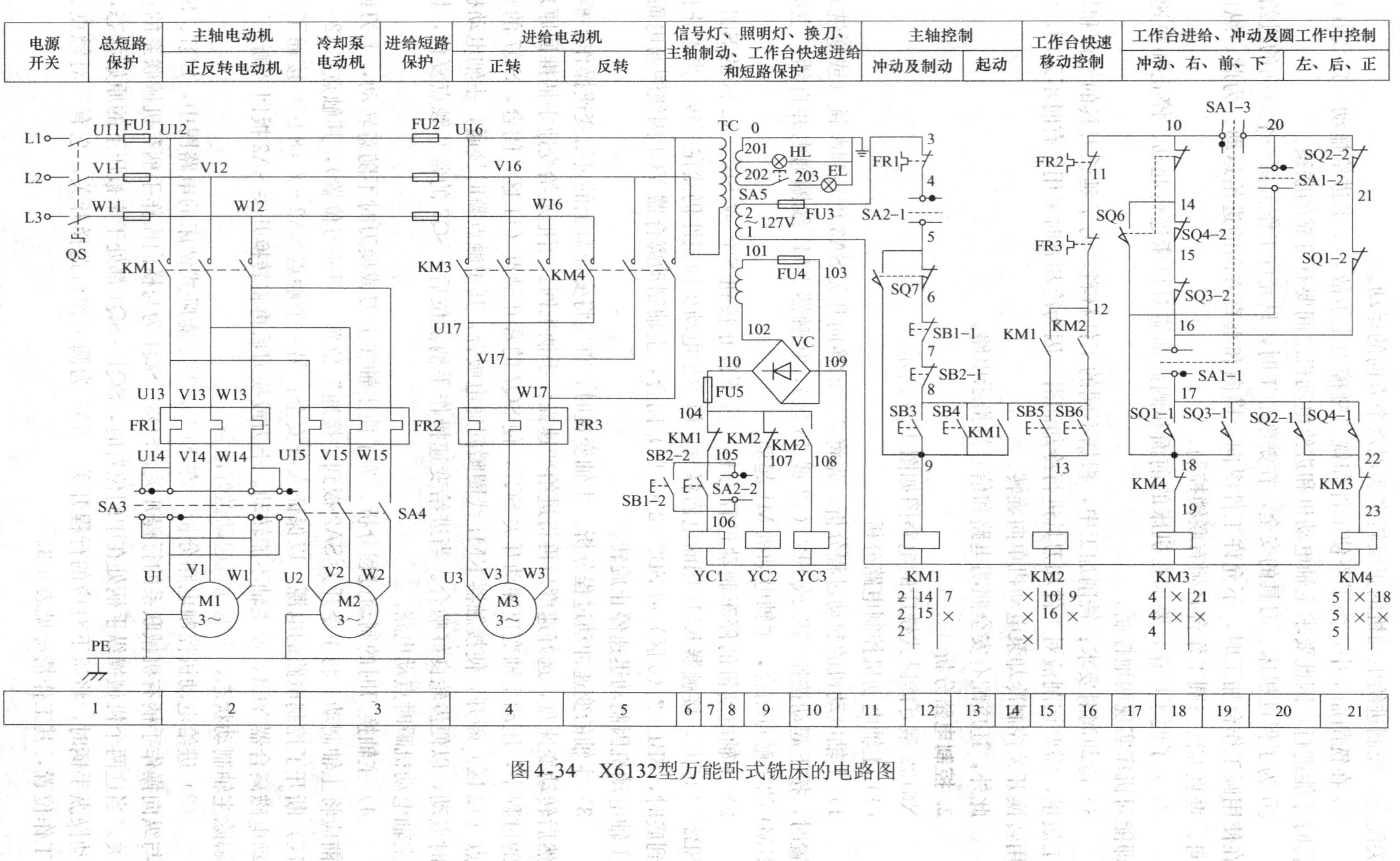

图 4-34　X6132型万能卧式铣床的电路图

表 4-3　圆工作台选择开关 SA1 工作情况

触　点	圆工作台位置	
	接　通	断　开
SA1－1（18 区）	－	＋
SA1－2（20 区）	＋	－
SA1－3（19 区）	－	＋

1）工作台纵向（左右）进给运动的控制分析。在主轴电动机 M1 起动之后，KM1 触点闭合，为工作台进给做好准备。将纵向进给操纵手柄扳向右侧，压下行程开关 SQ1，使 SQ1－1（18 区）闭合，SQ1－2（21 区）断开，接触器 KM3 因线圈通电使进给电动机 M3 正向旋转，拖动工作台向右移动。同理，将纵向进给手柄扳向左侧，压下行程开关 SQ2，使 SQ2－1（20 区）闭合，SQ2－2（21 区）断开，接触器 KM4 因线圈通电使进给电动机 M3 反向旋转，拖动工作台向左移动。当将纵向进给手柄扳回到中间位置时，行程开关 SQ1 和 SQ2 均复位，其常开触点断开，接触器 KM3 和 KM4 释放，进给电动机 M3 停止，工作台也停止。

在工作台的两端各有一块挡铁，当工作台移动到挡铁位置，碰撞纵向进给手柄位置时，会使纵向进给手柄回到中间位置，实现自动停车，这就是终端限位保护。调整挡铁在工作台上的位置，可以改变停车的终端位置。

2）工作台横向（前后）和垂直（上下）进给运动的控制分析。工作台横向进给运动和垂直进给运动的手柄包括两个十字手柄，分别装在工作台左侧的前方和后方。它们之间有机构连接，只需操纵其中的任意一个即可。手柄有上、下、前、后和零位共五个位置，控制进给电动机 M3。

① 向下、向前的控制。当主轴电动机起动，SA1 在“断开”位置时，扳动手柄使其在“下”或“前”的位置，SQ3 被压，SQ3－1（19 区）闭合，KM3 线圈得电，电动机 M3 正转，工作台向下或向前移动。

② 向上、向后的控制。当主轴电动机起动，SA1 在“断开”位置时，扳动手柄使其在“上”或“后”的位置，SQ4 被压，SQ4－1（21 区）闭合，KM4 线圈得电，电动机 M3 反转，工作台向上或向后移动。

当手柄回到中间位置时，机械机构都已脱开，各开关也都已复位，接触器 KM3 和 KM4 均释放，进给电动机 M3 停止，工作台也停止运行。

3）工作台的快速移动。为了缩短对刀时间，要求工作台快速移动。主轴起动以后，将操纵工作台进给的手柄扳到所需的运动方向，工作台就按操纵手柄指定的方向做进给运动。这时如果按下快速移动按钮 SB5（15 区）或 SB6（16 区），接触器 KM2 线圈通电，KM2 常闭触点（9 区）断开，使进给电磁离合器 YC2 失电。同时 KM2 常开触点（10 区）闭合，使电磁离合器 YC3 通电，衔铁吸合，经杠杆将进给传动链中的摩擦离合器合上，减少中间传动装置，工作台按原运动方向实现快速移动。

当松开快速移动按钮 SB5 或 SB6 时，接触器 KM2 线圈断电，快速移动电磁离合器 YC3 断电，进给电磁离合器 YC2 得电，工作台以原进给的速度和方向继续移动。

4）进给变速冲动。为了使进给变速时齿轮容易啮合，采用变速冲动。在起动主轴电动机 M1 之后，由于 KM1 吸合，此时将变速盘往外拉到极限位置，再把它转到所需的速度，最后将变速盘往里推。在推的过程中挡块压下行程开关 SQ6，其常闭触点 SQ6（18 区）断开，同时，其常开触点 SQ6（17 区）闭合，接触器 KM3 短时吸合，进给电动机 M3 就转动一下。当变速盘推到原位时，变速后的齿轮已顺利啮合。

5）圆工作台的控制。当铣削圆弧和凸轮等曲线时，需要圆工作台工作。圆工作台转换开关 SA1 转到“接通”位置，触点 SA1－1（18 区）断开，SA1－2（20 区）闭合，SA1－3（19 区）断开。同时，工作台的进给操作手柄都扳到中间位置。

此时，按下主轴起动按钮 SB3 或 SB4，接触器 KM1 线圈通电并自锁，KM1 的常开辅助触点（15 区）也同时闭合，接触器 KM2 线圈也吸合，进给电动机 M3 正向转动，拖动圆工作台转动。因为只能接触器 KM2 吸合，KM3 不能吸合，所以圆工作台只能沿一个方向转动。

6）进给的联锁控制：

① 主轴电动机与进给电动机之间的联锁。为了防止在主轴不转时，工件与铣刀相撞而损坏机床，主轴电动机与进给电动机之间应有联锁控制。实现方法是在接触器 KM3 或 KM4 线圈回路中串连 KM1 常开辅助触点（15 区）。

② 工作台不能几个方向同时移动。工作台两个以上方向同时进给容易造成事故，故要求工作台不能几个方向同时移动。由于工作台的左右移动是由一个纵向进给手柄控制，同一时间内不会又向左又向右；工作台的上、下、前、后是由同一个十字手柄控制，同一时间内这四个方向也只能一个方向进给。所以只要保证两个操纵手柄都不在零位时，工作台不会沿两个方向同时进给即可。联锁的实现方法是将纵向进给手柄可能压下的行程开关 SQ1 和 SQ2 的常闭触点 SQ1－2（21 区）和 SQ2－2（21 区）串联在一起，再将垂直进给和横向进给的十字手柄可能压下的行程开关 SQ3 和 SQ4 的常闭触点 SQ3－2（18 区）和 SQ4－2（18 区）串联在一起，并将这两个串联电路再并联起来，以控制接触器 KM3 和 KM4 的线圈通路。如果两个操作手柄都不在零位，则有不同支路的两个行程开关被压下，其常闭触点的断开使两条并联的支路都断开，进给电动机 M3 因接触器 KM3 和 KM4 的线圈都不能通电而不能转动。

③ 进给变速时两个进给操纵手柄都必须在零位。为了安全起见，进给变速冲动时不能有进给移动。联锁的方法是 SQ1、SQ2、SQ3 和 SQ4 的四个常闭触点 SQ1－2、SQ2－2、SQ3－2 和 SQ4－2 串联在 KM2 线圈回路。当进给变速冲动时，短时间压下微动开关 SQ6，其 SQ6 常闭触点（18 区）断开，SQ6 常开触点（17 区）闭合，如果有一个进给操纵手柄不在零位，则因行程开关常闭触点的断开而使接触器 KM3 不能吸合，进给电动机 M3 也就不能转动，防止了进给变速冲动时工作台的移动。

④ 圆工作台的转动与工作台的进给运动不能同时进行。联锁的方法是将 SQ1、SQ2、SQ3 和 SQ4 的四个常闭触点 SQ1－2、SQ2－2、SQ3－2 和 SQ4－2 串联在 KM3 线圈的回路中。当圆工作台的转换开关 SA1 转到“接通”位置时，两个进给手柄可能压下行程开关 SQ1、SQ2、SQ3 和 SQ4 的四个常闭触点 SQ1－2、SQ2－2、SQ3－2 和 SQ4－2。如果有一个进给操纵手柄不在零位，则因开关常闭触点的断开而使接触器 KM3 不能吸合，进给电动机 M3 不能转动，圆工作台也就不能转动。只有两个操纵手柄恢复到零位，进给电动机 M3 方可旋转，圆工作台方可转动。

(3) 照明电路　照明变压器 TC 将 380V 的交流电压降到 24V 的安全电压，供照明用。照明电路由开关 SA5 控制灯泡 EL。X6132 型铣床的主要电器设备见表 4-4。

表 4-4　X6132 型铣床的主要电器设备

符　号	名　称	符　号	名　称
M1	主轴电动机	SQ1	向右行程开关
M2	冷却泵电动机	SQ2	向左行程开关
M3	进给电动机	SQ3	向下、向前微行程开关
QS	电源开关	SQ4	向上，向后微动开关
SA1	圆工作台转换开关	SQ6	进给变速冲动行程开关
SA2	主轴制动和松开用主令开关（换刀）	SQ7	主轴变速冲动行程开关
SA3	主轴正反转换向开关	YC1	主轴制动离合器
SA4	冷却泵电动机起停用转换开关	YC2	进给电磁离合器
SA5	照明转换开关	YC3	快速移动电磁离合器
SB1、SB2	主轴停止制动按钮	KM1	主轴电机控制接触器
SB3、SB4	主轴起动按钮	KM2	快速进给控制接触器
SB5、SB6	快速移动按钮	KM3	向右、下、前控制接触器
		KM4	向左、上、后控制接触器

模块 4.6　技能训练

任务 4.6.1　三相异步电动机正反转电路的设计

1. 训练目的

1) 掌握三相异步电动机正反转电路的设计方法及接线方法。
2) 掌握按钮、接触器、热继电器、熔断器等的原理及使用方法。
3) 掌握按钮、接触器、热继电器、熔断器等在位置图中的排列方法。
4) 学会故障检查及排除方法。

2. 训练仪器与设备

1) 刀开关　1 个
2) 熔断器　5 个
3) 接触器　2 个
4) 热继电器　1 个
5) 三相异步电动机　1 台
6) 按钮　3 个
7) 线槽　若干
8) 线路板　1 块
9) 端子板　若干
10) 万用表　1 块

11）电笔　　　　　　1个

3. 训练内容和步骤

按图4-35选择元件：刀开关、熔断器 、接触器、热继电器、三相异步电动机、按钮，并将它们按照图4-36的位置安放在线路板上。

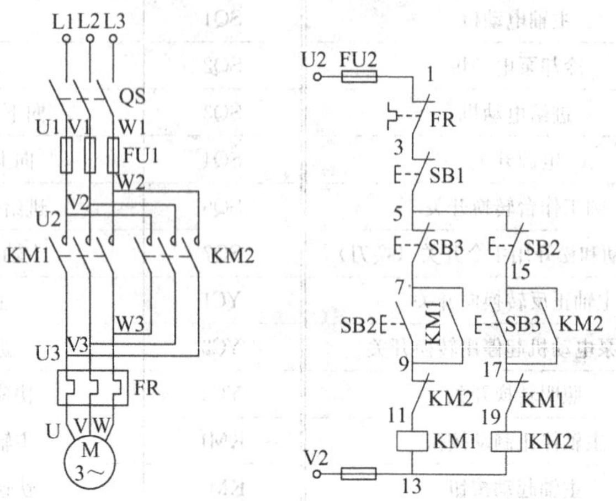

图4-35　正反转控制电路

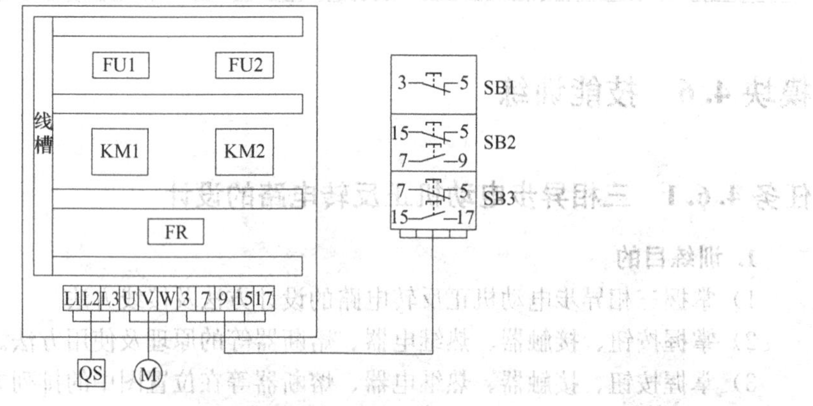

图4-36　正反转控制电路电器位置图

4. 故障分析

1）合上QS，按下SB2和SB3，电动机不工作。可能出现的故障原因是FU1、FU2、FR、SB1。

2）合上QS，按下SB2，电动机正常运行，但按下SB3，电动机不工作。

3）合上QS，按下SB2，电动机点动运行。故障原因是KM1的自锁点。

4）合上QS，按下SB2，电动机正常运行，但按下SB3，电动机转速缓慢，并伴有嗡嗡声。故障原因是电动机缺相，KM2的三相主触点有一相断开。

5. 注意事项

1）注意用电安全及人身安全。

2）操作过程中要按照“先断电、后接线、再通电”的基本原则。

任务 4.6.2　三相异步电动机两地控制电路的设计

1. 训练目的

1）掌握三相异步电动机两地控制电路的设计方法及接线方法。

2）掌握相关元件的原理及使用方法。

3）掌握元件在位置图中的排列方法。

4）学会故障检查及排除方法。

2. 训练仪器与设备

名称	数量
1）刀开关	1 个
2）熔断器	5 个
3）接触器	1 个
4）热继电器	1 个
5）三相异步电动机	1 台
6）按钮	4 个
7）线槽	若干
8）线路板	1 块
9）端子板	若干
10）万用表	1 块
11）电笔	1 个

3. 训练内容和步骤

1）控制要求：按下甲地（或乙地）的起动按钮 $SB2_{甲}$（或 $SB2_{乙}$），电动机起动，按下甲地（或乙地）的停止 $SB1_{甲}$（或 $SB1_{乙}$），电动机停止。

2）按照控制要求，设计出图 4-37 所示的控制电路。

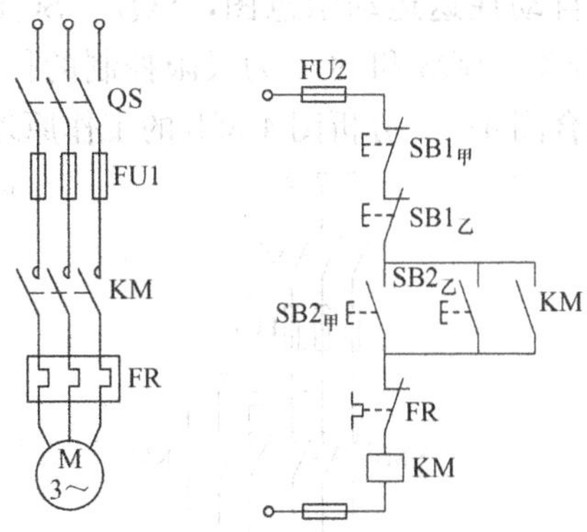

图 4-37　两地控制电路

3）按图选择元件：刀开关、熔断器 、接触器、热继电器、三相异步电动机、按钮，并将它们安放在线路板上，并连接好线路。

4）不论按下 $SB2_{甲}$ 或 $SB2_{乙}$，电动机均起动，不论按下 $SB1_{甲}$ 或 $SB1_{乙}$，电动机均停止。

4. 注意事项

1）注意用电安全及人身安全。

2）操作过程中要按照“先断电、后接线、再通电”的基本原则。

习　题

4.1　分析图 4-38 的各电路，说明按正常操作时会出现什么问题，并加以改正。

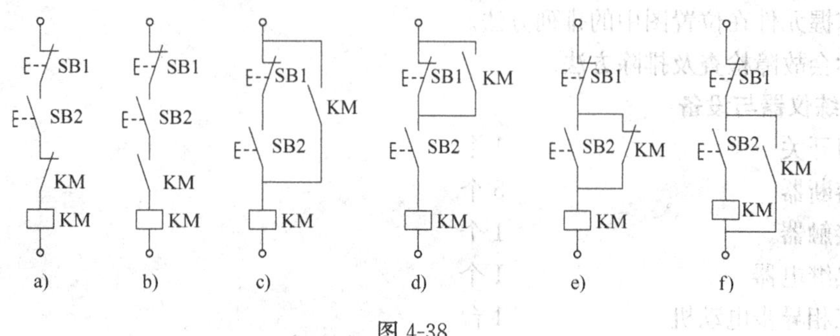

图 4-38

4.2　设计一台电动机在两地均能实现正反停的电路，要求电路应有必要的保护环节。

4.3　设计两台电动机的顺序动作控制。要求：

(1) 第一台电动机起动后，第二台电动机才能起动；

(2) 第二台电动机停止后，第一台电动机才能停止；

(3) 电路应有必要的保护环节。

4.4　设计两台电动机的控制电路。要求：

(1) 两台电动机均能正反转运行；

(2) 每次只允许一台电动机运行；

(3) 电路应有必要的保护环节。

4.5　图 4-39a 为小车的自动往返运动示意图，SQ1～SQ4 为行程开关，其中 SQ1 和 SQ2 为自动往返控制的行程开关，SQ3 和 SQ4 为极限控制的行程开关（行程开关的工作过程请读者查阅相关资料）。结合图 4-39a 分析图 4-39b 的工作原理。

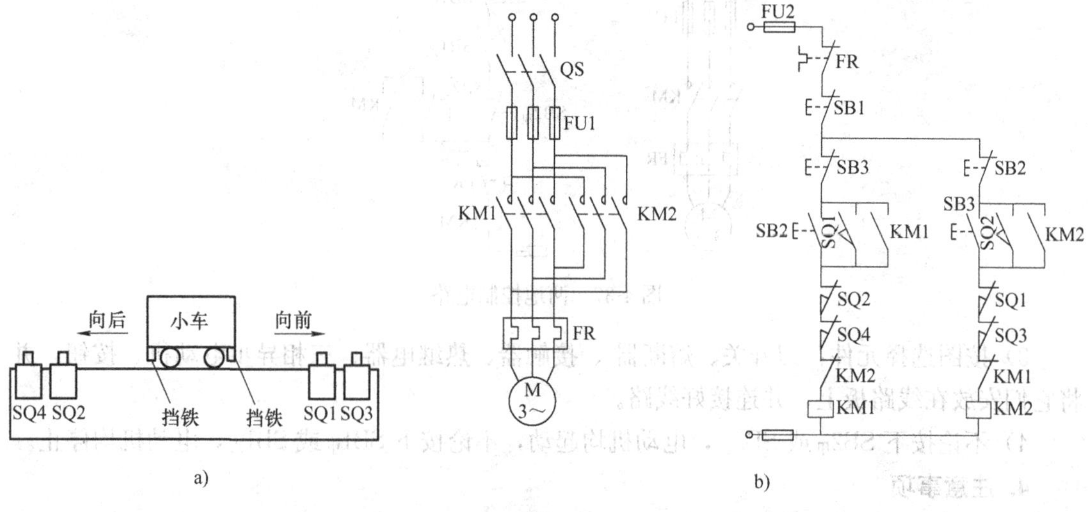

图 4-39

4.6　设计一个料斗的自动控制电路。要求按下起动按钮时，料斗到达下料台自动停止并卸料，当卸料完成后，又自动运行到上料台并上料，当上料完成后，又运行到下料台自动停止并卸料……，周而复始，当按下停止按钮时，料斗停止运行。

4.7　在 C650 型车床的控制电路中，分析下列故障产生的原因。

(1) 主轴电动机不能起动；

(2) 主轴电动机能起动，但不能自锁；

(3) 按下停止按钮，电动机不能停止。

4.8　在 M7130G/F 型卧轴矩台平面磨床的控制电路中，分析下列故障产生的原因。

(1) 电磁吸盘没有吸力；

(2) 电磁吸盘吸力不足；

(3) 电磁吸盘在“退磁”状态时，工件不能取下。

4.9　在 X6132 型铣床的控制电路中，分析下列故障产生的原因。

(1) 主轴停车时有短暂的反转；

(2) 主轴无制动；

(3) 工作台能左右运行，但不能前后上下运行；

(4) 工作台能右下前运行，但不能左上后运行；

(5) 工作台不能快速运行；

(6) 圆工作台不能运行。

项目 5　可编程序控制器系统的分析与设计

模块 5.1　认识可编程序控制器

用继电器—接触器控制的三相电动机具有电路简单、使用方便、价格低廉等优点，因此在一些领域中得到广泛的应用。但是这种电路的连接方式是固定的，一旦控制要求发生变化，需要重新更改电路，所以这种电路的灵活性和通用性都较差。

1969 年美国通用汽车公司自动装配线上使用了第一台可编程序控制器（简称 PLC），1987 年国际电工委员会颁布的 PLC 标准草案中对 PLC 做了如下定义："PLC 是一种专门为在工业环境下应用而设计的执行数字运算操作的电子装置。它采用可以编制程序的存储器，用来在其内部存储执行逻辑运算、顺序运算、计时、计数和算术运算等操作的指令，并能通过数字式或模拟式的输入和输出，控制各种类型的机械或生产过程。PLC 及其有关的外围设备都应该按易于与工业控制系统形成一个整体，易于扩展其功能的原则而设计。"

目前，PLC 的种类很多，本部分以西门子 S7-200 为例来介绍。

任务 5.1.1　认识可编程序控制器的结构

继电器—接触器控制系统由输入部分、逻辑部分和输出部分组成，如图 5-1 所示。输入部分是各种输入信号，如按钮、行程开关等；逻辑部分是继电器和接触器的各个触点；输出部分是各种执行元件，如继电器和接触器的线圈、电磁铁、指示灯、照明灯等。

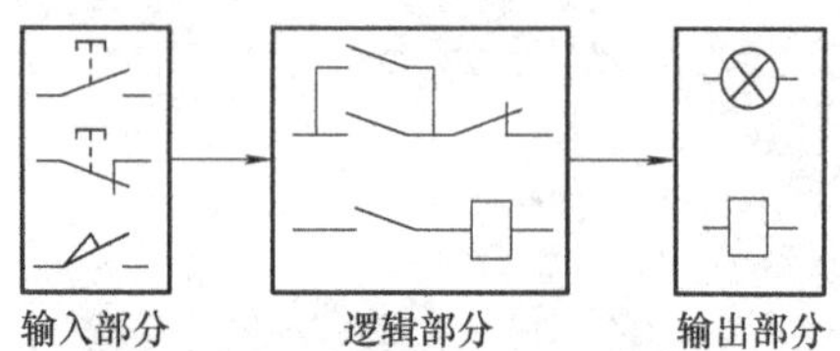

图 5-1　继电器—接触器控制系统

可编程序控制器由五部分组成，主要包括中央处理单元（CPU）、存储器、输入/输出单元、编程器、电源等几部分，如图 5-2 所示。

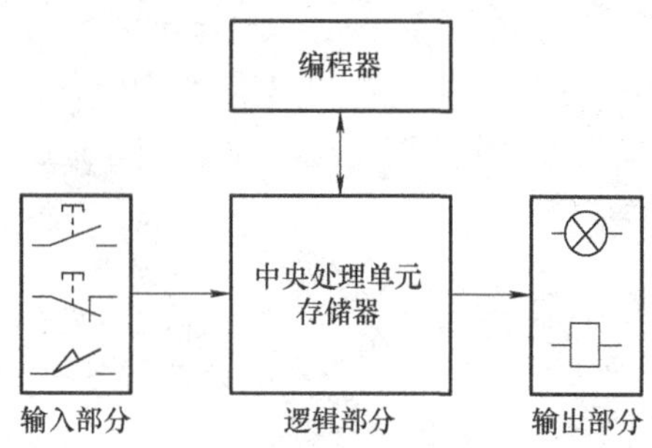

图 5-2　PLC 控制系统

1. 中央处理单元

中央处理单元简称CPU，是PLC的控制中枢，其主要的作用是接收并存储从编程器输入的用户程序和数据，诊断编程过程中的错误，对输入信号做出正确的判断并将结果输送给有关部分。

2. 存储器

存储器是PLC的记忆装置，包括只读存储器、随机存储器和可擦除只读存储器。只读存储器用于存放厂家编写的系统程序，它决定了PLC的功能，所以在出厂前已经固化，用户不能随便更改。随机存储器主要存放用户编写的各种程序，可以根据需要通过编程器进行修改，它具有易失性，所以电源关断后用锂电池保持。可擦除只读存储器具有只读存储器的非易失性和随机存储器随机存取的优点，主要用于存放用户程序和需长时间保存的重要数据。

3. 输入/输出单元

输入/输出单元是PLC与外部设备连接的单元，包括输入单元和输出单元。输入单元能收集被控设备的数据、信息以及操作命令，如按钮、行程开关、各种传感器信号等。输出单元是将CPU的逻辑信号转换为被控设备所需的电压或电流信号，以驱动负载（如线圈、电磁阀、指示灯等）。

4. 编程器

编程器主要用于用户程序的编制、调试和监视。它可以监视PLC的工作状况，还可以通过键盘调用和显示PLC的一些内部状况和系统参数，也可以通过通信端口与PLC的CPU联系，实现人机对话。

5. 电源

电源可以将外部的交流电源转化成PLC工作需要的直流电源。电源的好坏直接影响PLC的功能和性能，所以大部分的PLC均采用开关式稳压电源，它同时还能向各种扩展模块提供直流电源。

任务5.1.2　可编程序控制器工作过程的分析

1. 可编程序控制器的基本工作过程

PLC对用户程序的执行过程是通过CPU的周期循环扫描来实现的，即在PLC运行时，根据用户编好的并存放于用户程序存储器中的程序，按指令步序号或地址号周期性循环扫描，如无跳转指令，则从第一条指令按顺序执行用户程序，直至程序结束，然后重新返回第一条指令，开始下一轮扫描。在每一次扫描过程中，还要完成对输入信号的采样和对输出状态的刷新等工作。PLC的一个扫描周期必须经过输入采样、程序执行和输出刷新三个阶段及其他一些辅助阶段。

（1）输入采样阶段　PLC在输入采样阶段扫描所有的输入端子，并将各输入信号存入输入状态映像寄存器中，然后进入程序执行阶段。

（2）程序执行阶段　根据PLC程序的扫描顺序进行扫描。最后将运算结果写入寄存器状态表中。

（3）输出刷新阶段　当所有的指令都处理完后，把输出映像寄存器中的所有继电器以通（1）、断（0）的状态存放到输出锁存电路，以驱动继电器线圈控制负载工作。CPU返回到初始状态，准备下一次循环扫描。

2. PLC控制与继电器-接触器控制的区别

梯形图是PLC编程语言中应用较多的一种。梯形图与继电器-接触器控制电路图有三方面相似：元件符号相似（见表5-1）；电路结构基本相同（见图5-3）；信号输入及处理后的信息输出控制功能相同。

表5-1 电路图与梯形图的元件符号

	电 路 图	梯 形 图
线圈		
常闭触点		
常开触点		

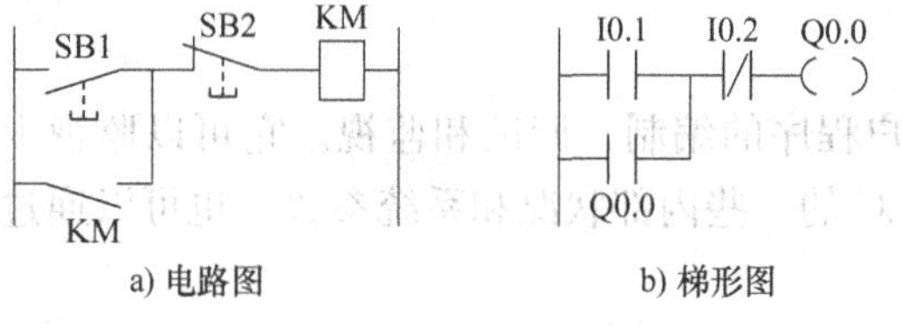

a) 电路图　　b) 梯形图

图5-3 电路图与梯形图的结构

梯形图与电路图的不同之处：

(1) 组成器件不同　电路图是由许多继电器和接触器组成，其触点易磨损。而梯形图是由许多“软继电器”组成，每个“软继电器”都是存储器中的某一位触发器，可以置“0”或置“1”，无磨损现象。

(2) 触点数目不同　电路图中的继电器和接触器触点数目是有限的。而在梯形图中，由于存储器中的触发器状态是由电平控制的，所以“软继电器”的触点是无限的。

(3) 工作方式不同　在电路中，电源接通时各继电器和接触器都处于受制约状态。而在梯形图中，各“软继电器”都处于周期性循环扫描接通中。每个继电器和接触器都受条件的制约。

模块5.2 电动机运行的PLC控制

任务5.2.1 学习PLC相关指令

1. 触点和线圈指令及其功能

(1) 指令及其功能　与电路相似，梯形图中也有触点和线圈，其指令格式及功能见表5-2。

表5-2　触点和线圈的指令格式及功能

类　型	梯　形　图	语　句　表	功能说明
常开触点	bit ─┤├─	LD　bit A　bit O　bit	LD：装载常开触点 A：串联常开触点 O：并联常开触点
常闭触点	bit ─┤/├─	LDN　bit AN　bit ON　bit	LDN：装载常闭触点 AN：串联常闭触点 ON：并联常闭触点
线圈	bit ─( )	＝　bit	＝：输出指令

（2）指令说明

① LD/LDN 指令用于与左侧母线相连的常开/常闭触点，也可用于分支电路的开始。

② A/AN 指令用于串联一个常开触点/常闭触点，串联触点的数量不限。

③ O/ON 指令用于并联一个常开触点/常闭触点，并联触点的数量不限。

④ ＝指令用于驱动负载线圈。当输出端不带负载时，控制线圈应用 M，而不能用 Q。此指令不能串联使用，但可以并联多个。一个程序中，相同的线圈只能出现一次。

2. 置位与复位指令及其功能

（1）指令及其功能

置位与复位指令格式及功能见表5-3。

表5-3　置位与复位指令格式及功能

类　型	梯　形　图	语　句　表	功能说明
线圈置位	bit ─(S) N	S　bit，N	从指定的位地址 bit 开始的 N 个连续的位地址都被置位（变为1）并保持
线圈复位	bit ─(R) N	R　bit，N	从指定的位地址 bit 开始的 N 个连续的位地址都被复位（变为0）并保持

（2）指令说明

① 对同一元件可以多次使用线圈置位和复位指令。

② 当置位和复位指令同时有效时，复位指令优先。

③ 操作数 N 的取值范围是 1～255。

④ 置位和复位指令一般是成对使用。

任务5.2.2　电动机单向运行的 PLC 控制

1. 用触点和线圈指令控制

图5-4a 所示为电动机单向运行的控制电路，用触点和线圈指令控制的梯形图如图5-4b 所示。按下起动按钮 SB1，I0.1 常开触点接通，Q0.0 线圈得到，Q0.0 的常开触点闭合，“能流”通过 Q0.0 的常开触点和 I0.2 常闭触点流到 Q0.0 的线圈，并自锁。需要停止时，

按下 SB2，I0.2 的常闭触点断开，Q0.0 线圈断电，工作过程结束。其语句表如图 5-4c 所示。

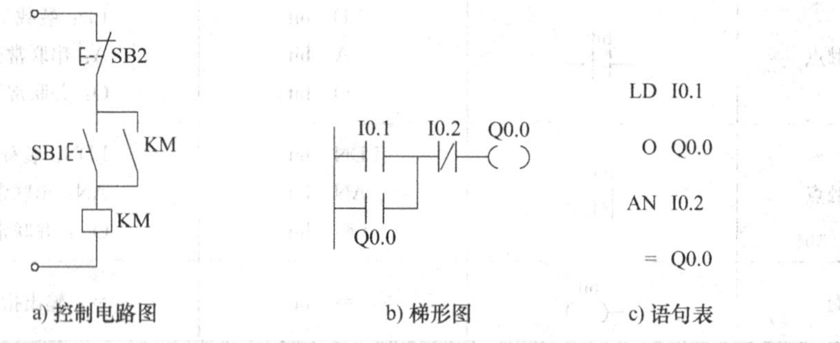

图 5-4 用线圈和触点控制的电动机单向运行的电路图、梯形图与语句表

2. 用置位和复位指令控制

电动机单向运行的控制也可以用置位和复位指令控制，如图 5-5 所示。当按下起动按钮 I0.1 时，Q0.0 线圈被置位为 1，电动机开始运行；当按下停止按钮 I0.2 时，Q0.0 被复位，电动机停止。在使用置位和复位指令控制时，不需要考虑自锁。

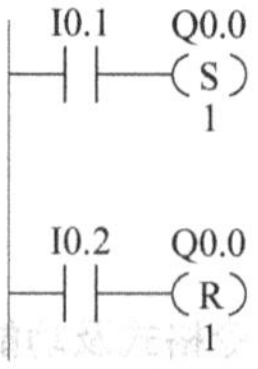

I0.1 Q0.0 (S) 1

I0.2 Q0.0 (R) 1

```
LD I0.1
 S Q0.0,1

LD I0.2
 R Q0.0,1
```

a) 梯形图　　b) 语句表

图 5-5 用置位和复位指令控制的电动机单向运行的梯形图与语句表

任务 5.2.3 电动机正反转运行的 PLC 控制

电动机正反转运行 PLC 控制的梯形图如图 5-6 所示，其工作过程请读者自行分析。

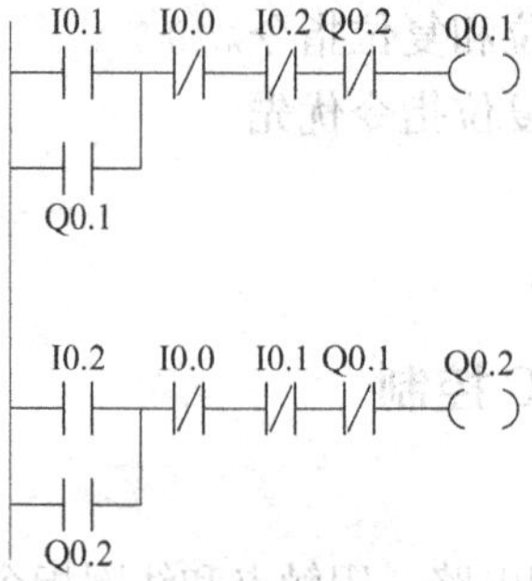

I0.1 I0.0 I0.2 Q0.2 Q0.1

Q0.1

I0.2 I0.0 I0.1 Q0.1 Q0.2

Q0.2

```
LD  I0.1
 O  Q0.1
AN  I0.0
AN  I0.2
AN  Q0.2
 =  Q0.1

LD  I0.2
 O  Q0.2
AN  I0.0
AN  I0.1
AN  Q0.1
 =  Q0.2
```

a) 梯形图　　b) 语句表

图 5-6 电动机正反转运行的梯形图与语句表

模块 5.3　定时器和计数器控制

任务 5.3.1　定时器控制

1. 定时器的基本概念

PLC 中的定时器相当于电路中的时间继电器，主要用于对内部时钟累计时间增量进行计时。S7-200 中的定时器有 1ms、10ms、100ms 三种分辨率（即单位时间的时间增量）。定时器的定时精度、定时范围和刷新方式随着分辨率的不同而不同。表 5-4 给出了定时器与分辨率的关系，其中 TONR 为保持型接通延时定时器，TON 为接通延时定时器、TOF 为断电延时定时器。

表 5-4　定时器与分辨率的关系

定时器类型	分辨率/ms	定 时 器 号	最大定时范围/s
TONR	1	T0、T64	32.767
	10	T1～T4、T65～T68	327.670
	100	T5～T31、T69～T95	3276.700
TON、TOF	1	T32、T96	32.767
	10	T33～T36、T97～T100	327.670
	100	T37～T63、T101～T255	3276.700

定时器的定时时间等于设定值与分辨率的乘积，即设定时间＝设定值×分辨率。

2. 定时器指令格式及其功能

定时器指令格式及其功能见表 5-5。

表 5-5　定时器指令格式及其功能

定时器类型	梯 形 图	语 句 表	功 能 说 明
TON	T××× IN TON PT	TON T×××，PT	输入使能端（IN）的输入电路接通时开始定时。当前值大于预置值时间 PT 端指定的设定值时，定时器接通，其触点延时动作。当 IN 端断开时，定时器断开，其触点复位
TOF	T××× IN TOF PT	TOF T×××，PT	使能端接通时，定时器接通，各触点动作。当输入端断开时，定时器断电，对应的触点延时复位
TONR	T××× IN TONR PT	TONR T×××，PT	输入端接通开始定时，定时器当前值从 0 开始增加；当未达到定时时间而输入端断开时，定时器当前值保持不变；当输入端再次接通时，当前值继续增加，达到设定值时，定时器接通

3. 指令说明

1）T×××表示定时器号，IN 表示输入端，PT 端的取值范围是 1～32767。

2）TON 与 TOF 指令不能共享同一个定时器号，即在同一程序中，不能对同一个定时器同时使用 TON 与 TOF 指令。

3）TOF 可以用复位指令进行复位。

4）TONR 只能使用复位指令进行复位，可实现累计输入端接通时间的功能。

例 5.1 有两盏指示灯 HL1、HL2，要求 HL1 点亮 5s 后，HL2 才亮；HL2 熄灭 8s 后，HL1 才熄灭，试设计其 I/O 分配及梯形图。

解： 由题可知，输入信号有两个：起动控制用 SB1，停止控制用 SB2；输出信号也有两个：指示灯 HL1 和 HL2。I/O 分配及梯形图如图 5-7 所示。

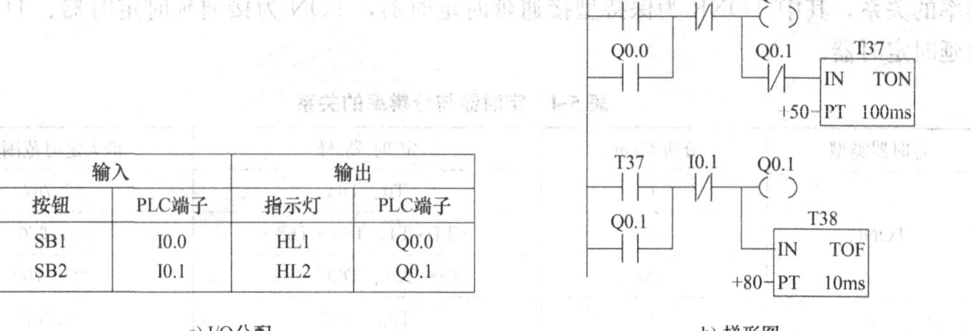

输入		输出	
按钮	PLC端子	指示灯	PLC端子
SB1	I0.0	HL1	Q0.0
SB2	I0.1	HL2	Q0.1

a) I/O分配　　b) 梯形图

图 5-7　例 5.1 的 I/O 分配和梯形图

任务 5.3.2　计数器控制

1. 计数器指令格式及其功能

计数器指令格式及其功能见表 5-6。其中 R 为复位端，CU（CD）为脉冲加（减）输入端，PV 为设定值端，LD 为装载输入端。

表 5-6　计数器指令格式及其功能

计数器类型	梯形图	语句表	指令功能
加法计数器（CTU）	C××× CU CTU R PV	CTU　C×××，PV	在 R 断开的同时，如果 CU 端检测到输入信号有正跳变时，当前值加 1，直到达 PV 端设定值时，计数器开始工作
减法计数器（CTD）	C××× CU CTD LD PV	CTD　C×××，PV	在 LD 断开的同时，如果 CD 端检测到输入信号有正跳变时，当前值减 1，直到达 PV 端设定值时，计数器开始工作
加减法计数器（CTUD）	C××× CU CTUD CD R PV	CTUD　C×××，PV	在 R 断开的同时，如果 CU 端检测到输入信号有正跳变时，当前值加 1；如果 CD 端检测到输入信号有正跳变时，当前值减 1。当前值大于等于 PV 端的设定值时，计数器开始工作

2. 指令说明

1）三种计数器指令编号的范围都是 0～255，设定值 PV 端的取值范围都是 0～32767。

2）对于加减计数器，如果当前值达到最大值 32767，且出现下一个脉冲时，CU 的正跳变将使当前值变为最小值－32767，反之亦然。

例 5.2　设计用计数器实现 100000 次计数功能的控制。

解：因为计数器 PV 端的取值范围都是 0～32767，而 100000 次计数已经超出了此范围，所以用两个计数器（一个是 1000 次，一个是 100 次）来实现。梯形图如图 5-8 所示。

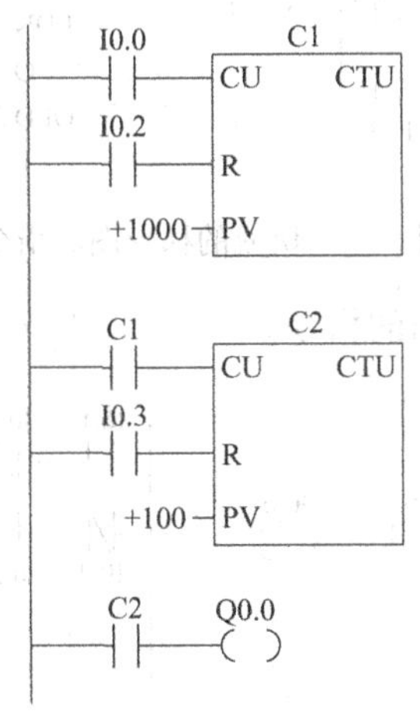

图 5-8　例 5.2 的梯形图

模块 5.4　块操作和堆栈指令控制

任务 5.4.1　块操作指令控制

1. 块操作指令格式及其功能

块操作指令格式及其功能见表 5-7。

表 5-7　块操作指令格式及其功能

指令类型	语句表	指 令 功 能
块与	ALD	“与”操作，用于串联多个并联电路块
块或	OLD	“或”操作，用于并联多个串联电路块

2. 说明

1）每个触点组的开头均使用 LD 或 LDN 指令。

2）若多个触点串联或并联，顺次使用 ALD 或 OLD 指令与前面电路连接，连接组数不限。

3）ALD、OLD 指令无操作数。

图 5-9 和图 5-10 为块与和块或的梯形图和指令。

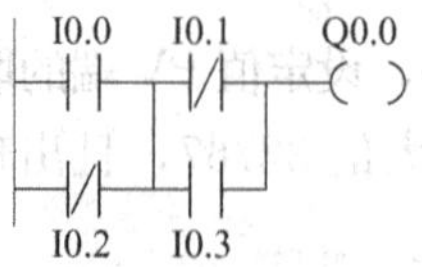

LD I0.0
ON I0.2
LDN I0.1
O I0.3
ALD
= Q0.0

图 5-9 块与的梯形图和指令

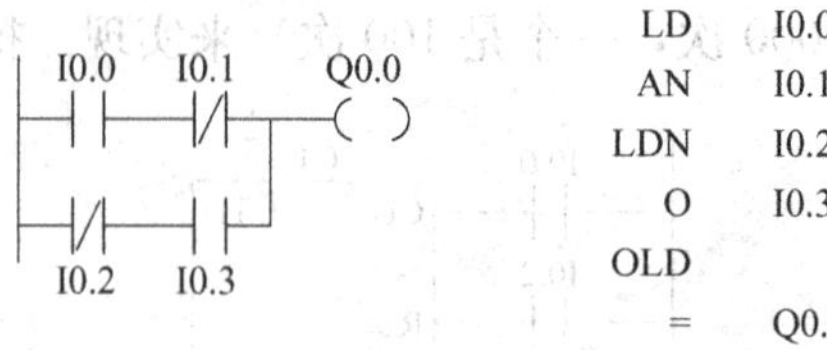

LD I0.0
AN I0.1
LDN I0.2
O I0.3
OLD
= Q0.0

图 5-10 块或的梯形图和指令

例 5.3 写出图 5-11 中梯形图的指令。

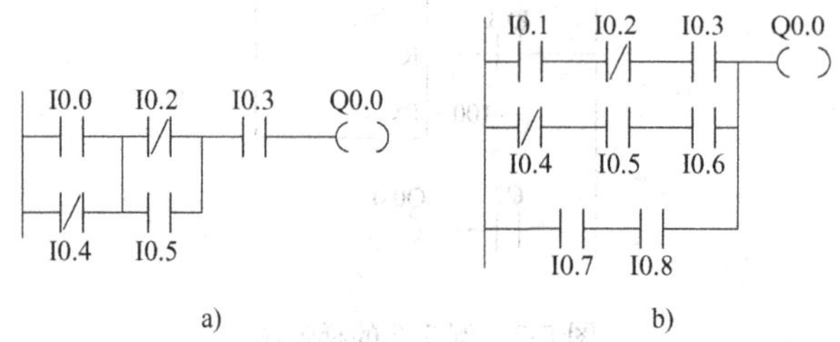

图 5-11 例 5.3 的梯形图

解:（1）

```
LD   I0.0
ON   I0.4
LDN  I0.2
O    I0.5
ALD
A    I0.3
=    Q0.0
```

（2）

```
LD   I0.1
AN   I0.2
A    I0.3
LDN  I0.4
A    I0.5
A    I0.6
OLD
LD   I0.7
A    I0.8
OLD
=    Q0.0
```

任务 5.4.2　堆栈指令控制

1. 堆栈指令格式及其功能

S7-200 系列的 PLC 提供 9 层堆栈，用于处理所有逻辑操作，称为逻辑堆栈。其指令格式及其功能见表 5-8。

表 5-8　堆栈指令格式及其功能

指令类型	语句表	指 令 功 能
入栈指令	LPS	该指令的运算结果是将栈中原来的数据依次下移一层，栈中原来的数据将依次下移一层，栈底数据消失
读栈指令	LRD	该指令的运算结果是将第 2 层的数据复制到栈顶，2～9 层数据不变，原栈顶值消失
出栈指令	LPP	该指令的运算结果是将栈中各层的数据向上移动一层，栈顶原来的数据消失

2. 说明

1）堆栈指令是一种组合指令，不能单独使用。

2）LPS 和 LPP 指令分别用于分支的开头和最后，只能各用一次。

3）LRD 指令用于 LPS 和 LPP 之间，可以多次使用，但最多为 9 次。

4）LPS 和 LPP 指令无操作数。

例 5.4　写出图 5-12 中梯形图的指令。

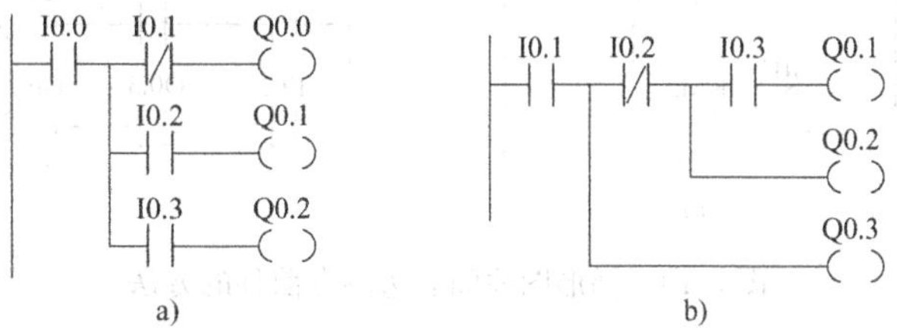

图 5-12　例 5.4 的梯形图

解：(1)

```
LD    I0.0
LPS
AN    I0.1
=     Q0.0
LRD   I0.2
=     Q0.1
LPP
A     I0.3
=     Q0.2
```

```
(2)    LD     I0.1
       LPS
       AN     I0.2
       LPS
       A      I0.3
       =      Q0.1
       LPP
       =      Q0.2
       LPP
       =      Q0.3
```

模块 5.5　可编程序控制器的编程原则和应用

任务 5.5.1　认识可编程序控制器的编程原则和技巧

1. 程序编制的基本原则

在根据系统的控制要求编程时，应遵循程序编制的基本原则。

1）梯形图中每一逻辑行的触点应画在线圈的左边，线圈右边不能有触点。在继电器控制回路中，可以在线圈后使用触点，如图 5-13a 所示。但在梯形图中，必须将线圈后的触点移到线圈前，如图 5-13b 所示。

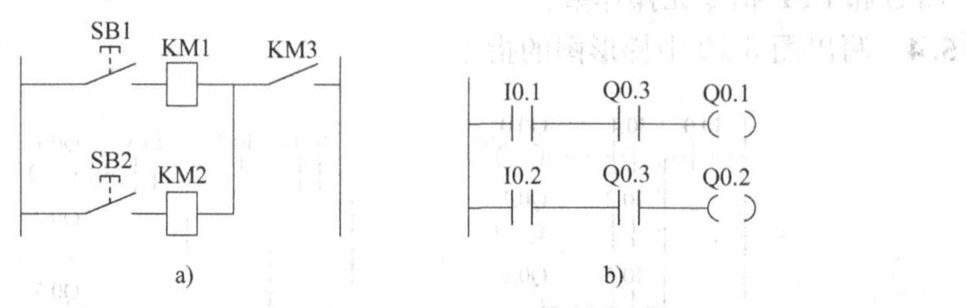

图 5-13　梯形图线圈后边触点前移的方法

2）梯形图中必须按顺序执行，即按照从左到右，从上到下的顺序执行。在继电器控制回路中，触点可以横向或竖向放置，如图 5-14a 所示。但在梯形图中是不允许竖向放置，应

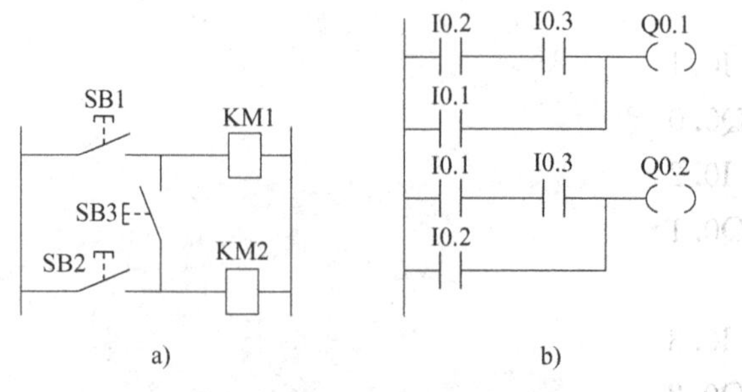

图 5-14　梯形图竖向触点的编制

对其进行重新编制，如图 5-14b 所示。

3）在梯形图中，线圈不能与左侧母线相连。如果需要连接时，可以通过一个没有使用的内部继电器的常闭触点来连接。

4）在梯形图中，触点和线圈都可以重复使用多次，不受数目的限制，如图 5-15 所示。

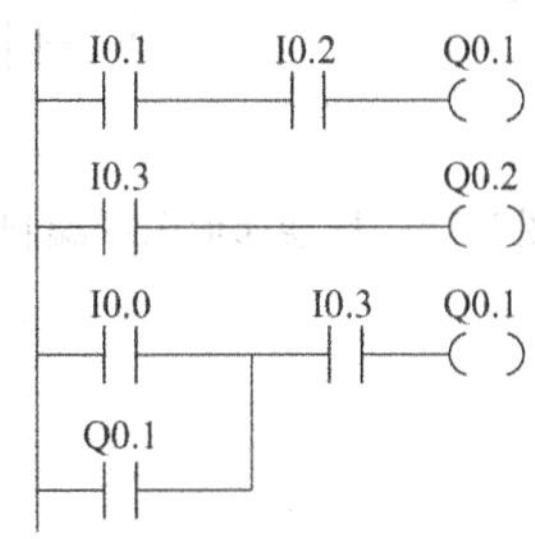

图 5-15　触点和线圈的重复使用

2. 程序编制的技巧

（1）并联支路的编制技巧　在梯形图中，几个串联支路并联时，串联触点多的支路要画在上方，这样可以减少指令的个数。如图 5-16 所示，图 5-16b 比图 5-16a 要好。

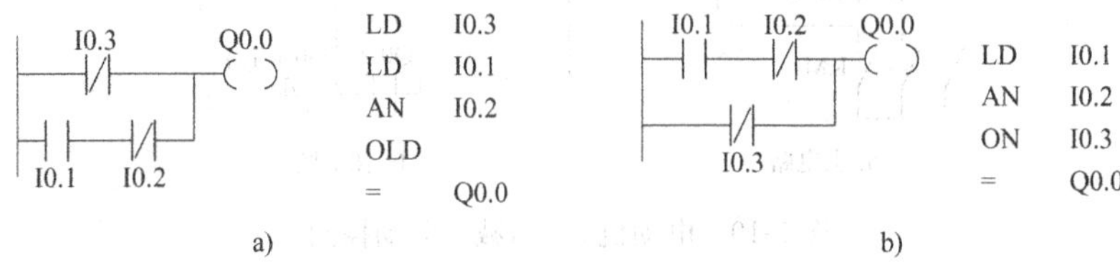

图 5-16　并联支路的编制

（2）串联支路的编制技巧　在梯形图中，几个并联支路串联时，并联触点多的支路要画在左侧，这样也可以减少指令的个数。如图 5-17 所示，图 5-17b 比图 5-17a 要好。

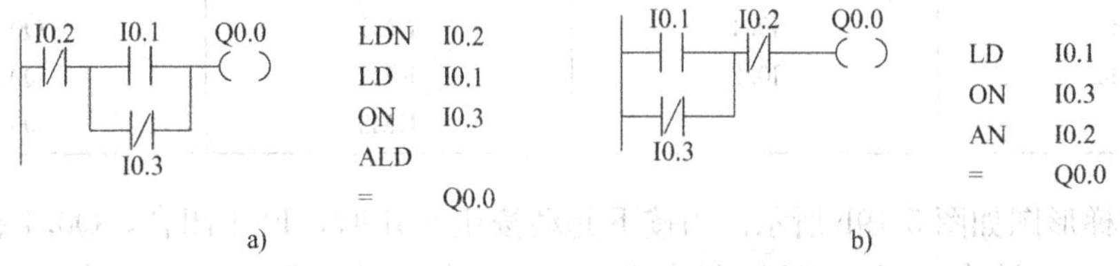

图 5-17　串联支路的编制

（3）复杂梯形图的编制技巧　当电路比较复杂不便于编程时（见图 5-18a），可以重复使用一些触点，画出其等效图，然后再进行编程（见图 5-18b）。

任务 5.5.2　可编程序控制器的编程应用

例 5.5　设计一台电动机的Y—△减压起动控制。要求电动机起动（Y联结）5s 后自动转换成运行状态（△联结），试设计其控制回路。

解：设电动机起动时，接触器 KM1、KM2 线圈通电，电动机接成Y联结起动；5s 后接触器 KM1、KM3 线圈通电，电动机接成△联结运行。其主电路的控制如图 5-19a 所示。

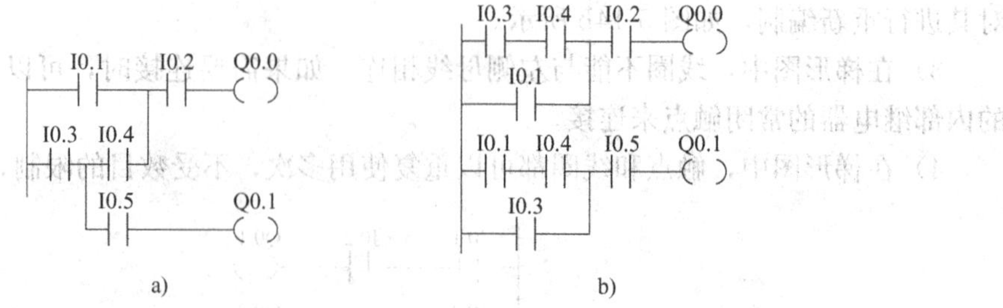

图 5-18　复杂梯形图的编制

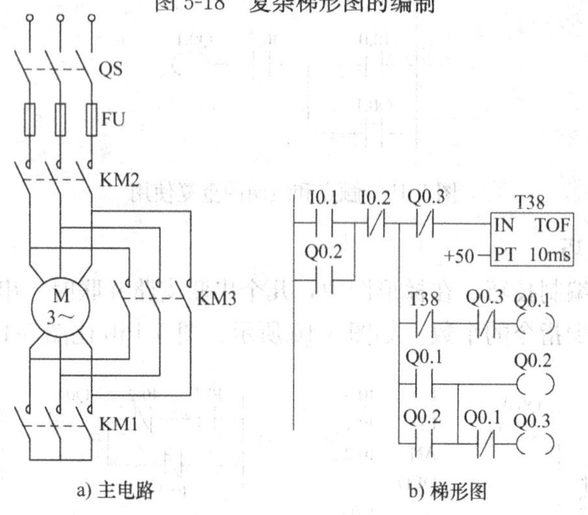

图 5-19　电动机Y—△减压起动控制

输入、输出元件与 PLC 端子分配表见表 5-9。

表 5-9　输入、输出元件与 PLC 端子分配表

输　入		输　出	
按　钮	PLC 端子	接　触　器	PLC 端子
SB1	I0.1	KM1	Q0.1
SB2	I0.2	KM2	Q0.2
		KM3	Q0.3

设计的梯形图如图 5-19b 所示。当按下起动按钮 SB1 时，I0.1 闭合，Q0.1 得电，随之 Q0.2 得电，主电路中 KM1、KM2 触点闭合，电动机接成Y联结起动。同时 T38 也通电，5s 后其常闭触点断开，Q0.1 断电，Q0.3 得电，主电路中 KM1 触点断开，KM3 触点闭合，电动机接成△联结运行。

模块 5.6　技能训练

任务 5.6.1　电动机的控制

1. 训练目的

1）掌握编程软件的使用方法。

2）掌握基本逻辑指令的编程方法。

2. 训练设备

1）可编程序控制器训练装置。

2）电动机控制单元。

3）连接导线。

3. 训练内容和步骤

（1）两台电动机的互锁控制

① 控制要求。按下起动按钮 SB1，电动机 M1 起动；按下停止按钮 SB2，电动机 M1 停止。按下起动按钮 SB3，电动机 M2 起动；按下停止按钮 SB4，电动机 M2 停止。

如果 M1 在运行状态下，按下 M2 的起动按钮 SB3，则电动机 M1 停止，M2 运行；同样，在 M2 运行状态下，按下 M1 的起动按钮 SB1，则电动机 M2 停止，M1 运行。

两台电动机均为单向运行。

② I/O 分配表。两台电动机互锁控制的 I/O 分配表见表 5-10。

表 5-10　两台电动机互锁控制的 I/O 分配表

输　　入		输　　出	
按　　钮	PLC 端子	接　触　器	PLC 端子
SB1	I0.1	KM1	Q0.1
SB2	I0.2	KM2	Q0.2
SB3	I0.3		
SB4	I0.4		

③ 主电路及梯形图。设计的主电路及梯形图如图 5-20 所示。

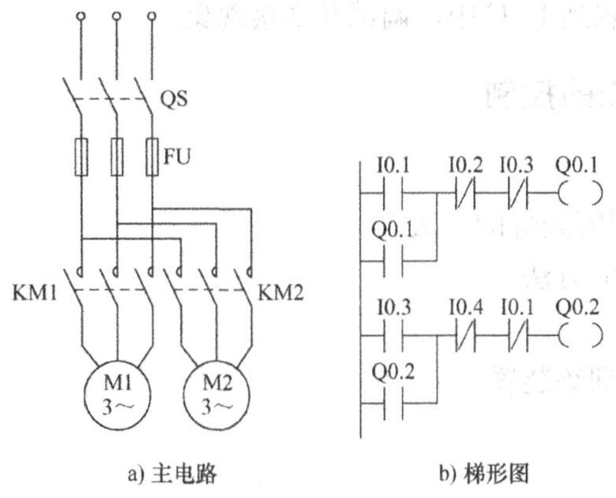

图 5-20　电动机的互锁控制

④ 接线。用导线将控制单元和主机单元对应的端子相连。

⑤ 测试。将程序下载到 PLC 中，调试并观察现象。

（2）电动机的延时控制

① 控制要求。起动时：按下起动按钮 SB1，电动机 M1 起动，延时 2s 后，M2 自动起动，即 M1 不运行，M2 不能运行。

停止时：按下停止按钮 SB2，电动机 M1、M2 同时停止。

两台电动机均为单向运行。

② I/O 分配表。电动机控制的 I/O 分配表见表 5-11。

表 5-11　电动机控制的 I/O 分配表

输　入		输　出	
按　钮	PLC 端子	接 触 器	PLC 端子
SB1	I0. 1	KM1	Q0. 1
SB2	I0. 2	KM2	Q0. 2

③ 主电路及梯形图。设计的主电路及梯形图如图 5-21 所示。

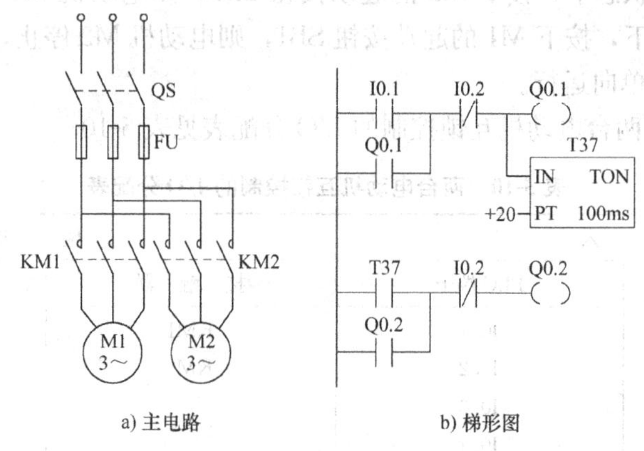

a) 主电路　　b) 梯形图

图 5-21　电动机的延时控制

④ 接线。用导线将控制单元和主机单元对应的端子相连。

⑤ 测试。将程序下载到 PLC 中，调试并观察现象。

任务 5. 6. 2　天塔之光的控制

1. 训练目的

1）掌握用 PLC 控制闪光灯的方法。

2）掌握定时器编程的方法。

2. 训练设备

1）可编程序控制器训练装置。

2）天塔之光控制单元。

3）连接导线。

3. 训练内容和步骤

（1）控制要求　天塔之光的控制示意图如图 5-22 所示，具体控制为：

① 按下起动按钮 SB1，L1 点亮；

② 2s 后，L1 熄灭；同时，L2～L5 同时点亮；

③ 2s 后，L2～L5 熄灭；同时，L6～L9 同时点亮；

④ 2s 后，L6～L9 熄灭；同时，L1 点亮；

⑤ 当按下停止按钮 SB2 时，所有灯全部熄灭。

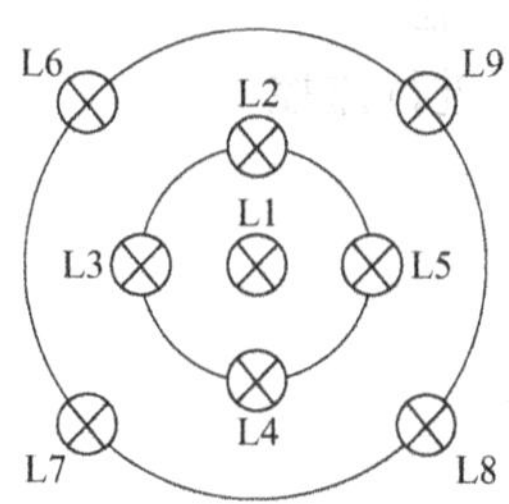

图 5-22　天塔之光的控制示意图

（2）I/O 分配表　天塔之光控制的 I/O 分配表见表 5-12。

表 5-12　天塔之光控制的 I/O 分配表

输　入		输　出	
按　钮	PLC 端子	指　示　灯	PLC 端子
SB1	I0.1	L1	Q0.1
SB2	I0.2	L2～L5	Q0.2
		L6～L9	Q0.3

（3）梯形图　设计梯形图如图 5-23 所示。

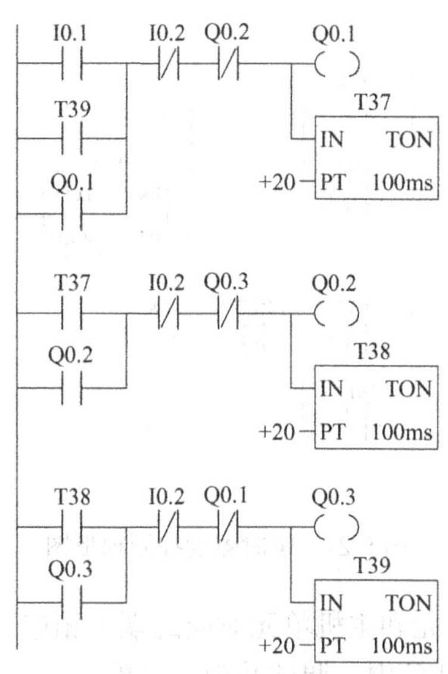

图 5-23　天塔之光的控制梯形图

（4）接线　用导线将控制单元和主机单元对应的端子相连。

（5）测试　将程序下载到 PLC 中，调试并观察现象。

任务 5.6.3　定时器/计数器功能测定

1. 训练目的

1）掌握定时器、计数器的编程方法。

2）掌握定时器、计数器扩展的方法。

3）掌握用编程软件对 PLC 运行进行监控。

2. 训练设备

1）可编程序控制器训练装置。

2）连接导线。

3. 训练内容和步骤

（1）定时器的控制

① 控制要求。控制一盏灯 L，要求按下起动按钮 SB1，L 延迟 5s 点亮；按下停止按钮 SB2，灯立即熄灭。

② I/O 分配表。I/O 分配表见表 5-13。

表 5-13　定时器控制的 I/O 分配表

输　入		输　出	
按　钮	PLC 端子	指　示　灯	PLC 端子
SB1 SB2	I0.1 I0.2	L	Q0.1

③ 梯形图。设计梯形图如图 5-24 所示。

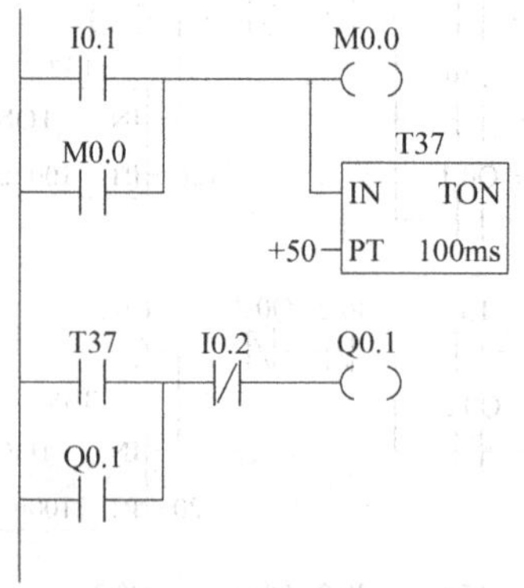

图 5-24　定时器的控制梯形图

④ 接线。用导线将控制单元和主机单元对应的端子相连。

⑤ 测试。将程序下载到 PLC 中，调试并观察现象。

（2）定时器扩展的控制

① 控制要求。用两个定时器完成对一盏灯 L 延时 20s 的控制。

② I/O 分配表。I/O 分配表见表 5-13。

③ 梯形图。设计梯形图如图 5-25 所示。

④ 接线。用导线将控制单元和主机单元对应的端子相连。

⑤ 测试。将程序下载到 PLC 中，调试并观察现象。

（3）计数器扩展的控制

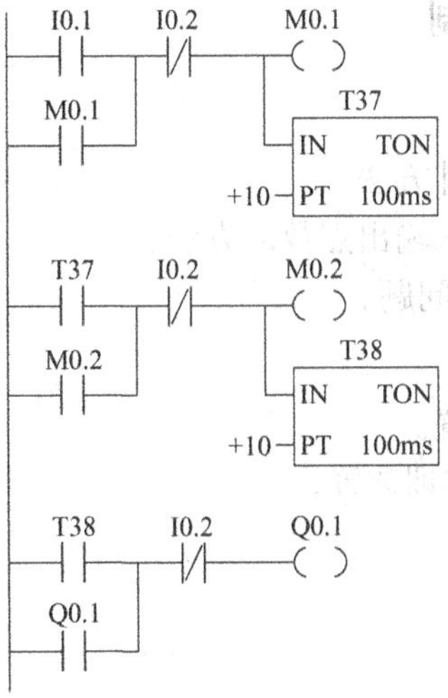

图 5-25　定时器扩展的控制梯形图

① 控制要求。用两个计数器完成计数 10 次的控制。

② I/O 分配表。I/O 分配表见表 5-14。

表 5-14　计数器扩展控制的 I/O 分配表

输　入		输　出	
按　钮	PLC 端子	输　出	PLC 端子
SB1 SB2	I0. 1 I0. 2	KM	Q0. 1

③梯形图。设计梯形图如图 5-26 所示。

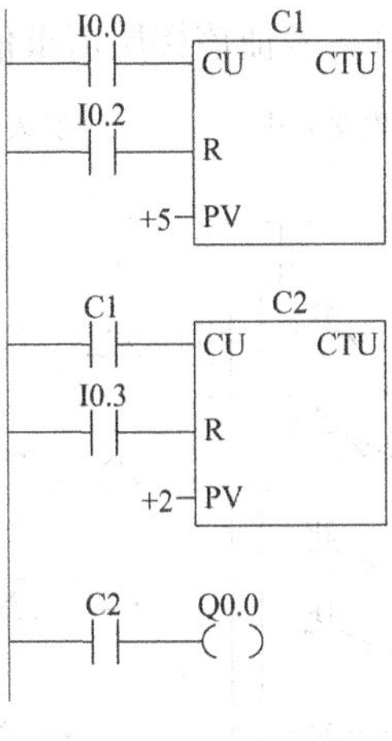

图 5-26　计数器扩展的控制梯形图

④ 接线。用导线将控制单元和主机单元对应的端子相连。

⑤ 测试。将程序下载到 PLC 中，调试并观察现象。

任务 5.6.4　电梯的自动控制

1. 训练目的

1）掌握随机逻辑程序的设计方法。

2）掌握工程系统中确定输入输出点数的方法。

3）学会使用 PLC 解决工程问题。

2. 训练设备

1）可编程序控制器训练装置。

2）4 层电梯自动控制模型实训装置。

3）连接导线若干。

3. 训练内容和步骤

（1）控制要求

① 当轿箱停于 1 层、2 层或者 3 层时，按 PB4 按钮呼梯，则轿箱上升至 LS4 停。

② 当轿箱停于 4 层、3 层或者 2 层时，按 PB1 按钮呼梯，则轿箱下降至 LS1 停。

③ 当轿箱停于 1 层，若按 PB2 按钮呼梯，则轿箱上升至 LS2 停；若按 PB3 按钮呼梯，则轿箱上升至 LS3 停。

④ 当轿箱停于 4 层，若按 PB3 按钮呼梯，则轿箱下降至 LS3 停；若按 PB2 按钮呼梯，则轿箱下降至 LS2 停。

⑤ 当轿箱停于 1 层，而 PB2、PB3、PB4 按钮均有人呼梯时，轿箱上升至 LS2 暂停后继续上升至 LS3，暂停后，继续上升至 LS4 停止。

⑥ 当轿箱停于 4 层，而 PB1、PB2、PB3 按钮均有人呼梯时，轿箱下降至 LS3 暂停后，继续下降至 LS2，暂停后，继续下降至 LS1 停止。

⑦ 轿箱在楼梯间运行时间超过 12s，电梯停止运行。

⑧ 当轿箱上升（或下降）途中，任何反方向下降（或上升）的按钮呼梯均无效。楼层显示灯亮表征该楼层有信号请求，灯灭表征该楼层请求信号消除。

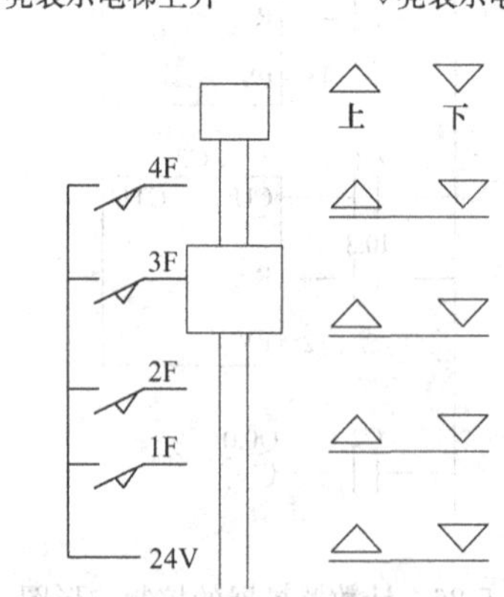

图 5-27　电梯自动控制示意图

（2）I/O 分配表　I/O 分配表见表 5-15。

表 5-15　电梯控制系统的 I/O 分配表

输　　入		输　　出	
按　　钮	PLC 端子	指　示　灯	PLC 端子
外呼梯按钮 PB4	I0.0	上升△	Y5
外呼梯按钮 PB3	I0.1	下降▽	Y0
外呼梯按钮 PB2	I0.2	1 层指示灯	Y1
外呼梯按钮 PB1	I0.3	2 层指示灯	Y2
平层信号 LS4	I0.4	3 层指示灯	Y3
平层信号 LS3	I0.5	4 层指示灯	Y4
平层信号 LS2	I0.6		
平层信号 LS1	I0.7		
内呼梯按钮 PB4	I1.0		
内呼梯按钮 PB3	I1.1		
内呼梯按钮 PB2	I1.2		
内呼梯按钮 PB1	I1.3		

（3）梯形图　设计梯形图如图 5-28 所示。

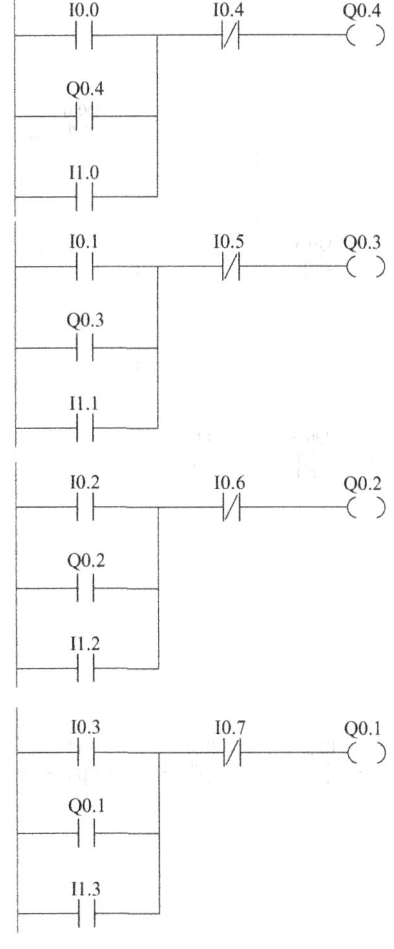

图 5-28　电梯控制梯形图

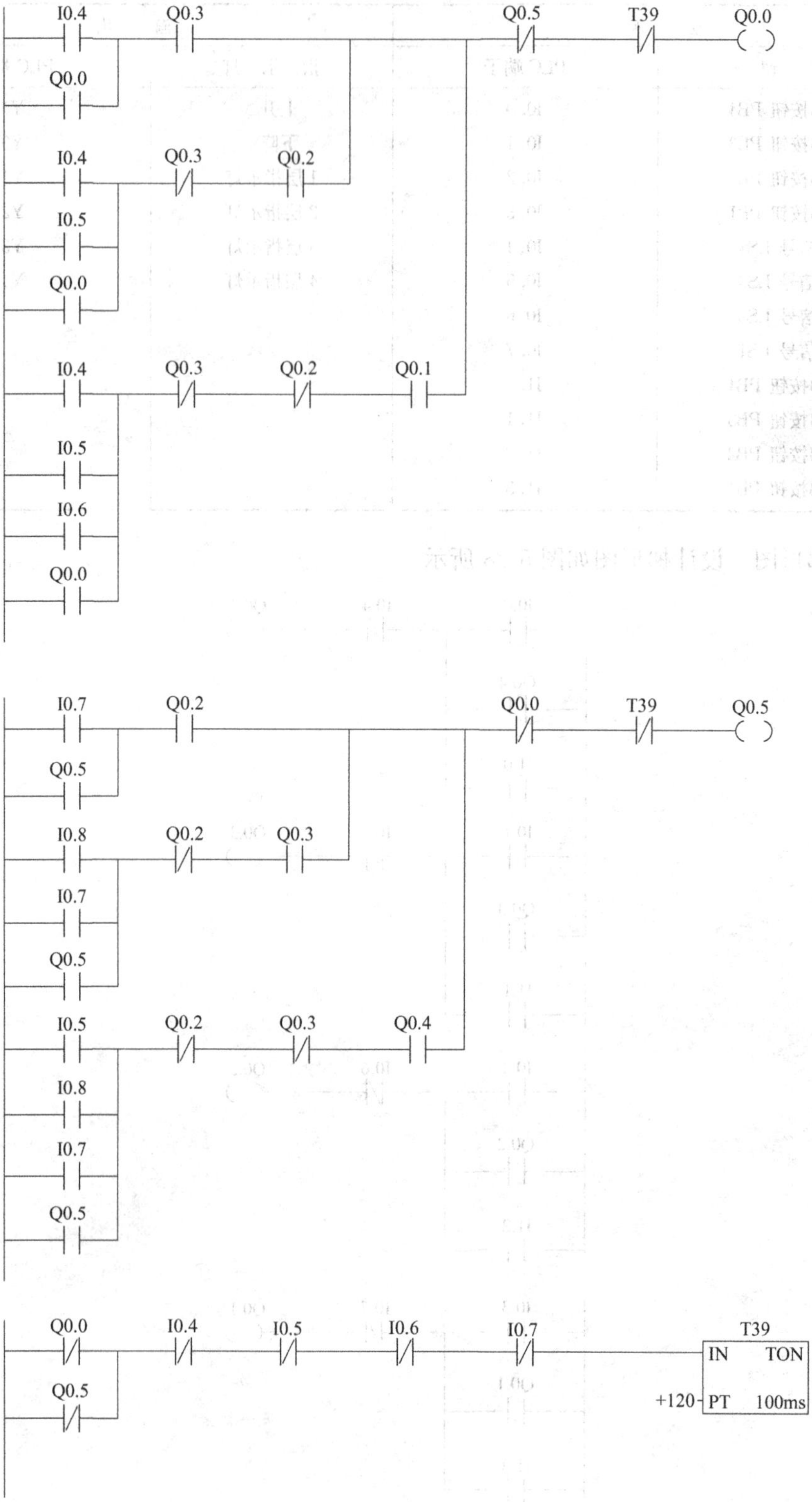

图 5-28　电梯控制梯形图（续）

(4) 接线　用导线将控制单元和主机单元对应的端子相连。

(5) 测试　将程序下载到PLC中，调试并观察现象。

4. 训练反思

1) 分析实训结果和本技能训练过程中出现的问题。

2) 按照题目给出的条件要求，最少需要多少点数的PLC?

3) 假如是5层电梯，输入输出点数和梯形图有何变化?

任务5.6.5　多种液体自动混合

1. 训练目的

1) 结合液体自动混合系统，应用PLC技术对化工生产过程实施控制。

2) 学会熟练使用PLC解决生产实际问题。

2. 训练设备

1) 计算机1台、可编程序控制器训练装置一套。

2) 液体自动混合系统实训装置。

3) 连接导线若干。

3. 训练内容和步骤

(1) 控制要求

多种液体自动混合控制系统示意图如图5-29所示。

① 液体自动混合系统的初始状态。在初始状态，容器是空的，电磁阀Y1、Y2、Y3、Y4和搅拌机M以及加热元件H均为OFF，液位传感器L1、L2、L3和温度传感T均为OFF。

② 液体混合操作过程。按下起动按钮，开始下列操作：

电磁阀Y1闭合(Y1=ON)，开始注入液体A，至液面高度为L3(L3=ON)时，停止注入液体A(Y1=OFF)，同时开启液体B电磁阀Y2(Y2=ON)注入液体B，当液面高度为L2(L2=ON)时，停止注入液体B(Y2=OFF)，同时开启液体C电磁阀Y3(Y3=ON)注入液体C，当液面高度为L1(L1=ON)时，停止注入液体C(Y3=OFF)。

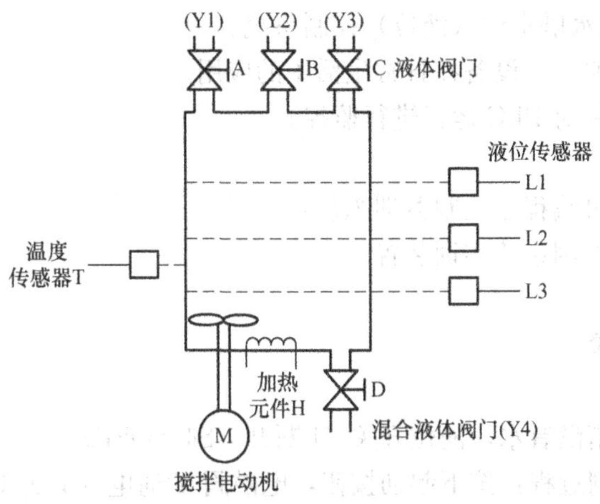

图5-29　多种液体自动混合控制系统示意图

停止液体C注入时，起动搅拌机M（M＝ON），搅拌混合时间为10s。

停止搅拌后加热器H开始加热（H＝ON）。当混合液温度达到某一指定值时，温度传感器T动作（T＝ON），加热器H停止加热（H＝OFF）。

开始放出混合液体（Y4＝ON），至液体高度降为L3后，再经5s停止放出（Y4＝OFF）。混合过程结束。

③ 停止操作。按下停止键后，停止操作，回到初始状态。

（2）I/O分配表 I/O分配表见表5-16。

表5-16 多种液体自动混合系统的I/O分配表

输入		输出	
按钮	PLC端子	指示灯	PLC端子
起动按钮	I0.0	电磁阀Y1	Q0.0
液位传感器L1	I0.1	电磁阀Y2	Q0.1
液位传感器L2	I0.2	电磁阀Y3	Q0.2
液位传感器L3	I0.3	电磁阀Y4	Q0.3
温度传感器T	I0.4	搅拌电动机M	Q0.4
		加热元件H	Q0.5

（3）梯形图 设计梯形图如图5-30所示。

（4）接线 用导线将控制单元和主机单元对应的端子相连。

（5）测试 将程序下载到PLC中，调试并观察现象。

4. 训练反思

1）分析实训结果和本技能训练过程中出现的问题。

2）试编写出搅拌和加热同时进行的程序，要求搅拌和加热条件同时满足后顺序向下执行，分析运行结果。

3）简述液位传感器L1、L2、L3的工作原理。

任务5.6.6 水塔水位自动控制

1. 训练目的

1）利用PLC构成水塔水位（液位）控制系统。

2）熟悉自动控制原理及设备在日常生活中的应用。

3）掌握用编程软件对PLC运行进行监控。

2. 训练设备

1）计算机1台、可编程序控制器训练装置一套。

2）水塔水位自动控制系统实训装置。

3）连接导线若干。

3. 训练内容和步骤

（1）控制要求

① 初始状态：水箱没有水，液位开关S4断开（S4＝OFF）。

② 水塔水位的控制过程：按下起动按钮，电磁阀Y通电（Y为ON），当水塔水位低于低水位界（S4为ON表示），电磁阀Y打开进水（S4为OFF时表示达到水池高水位界）。

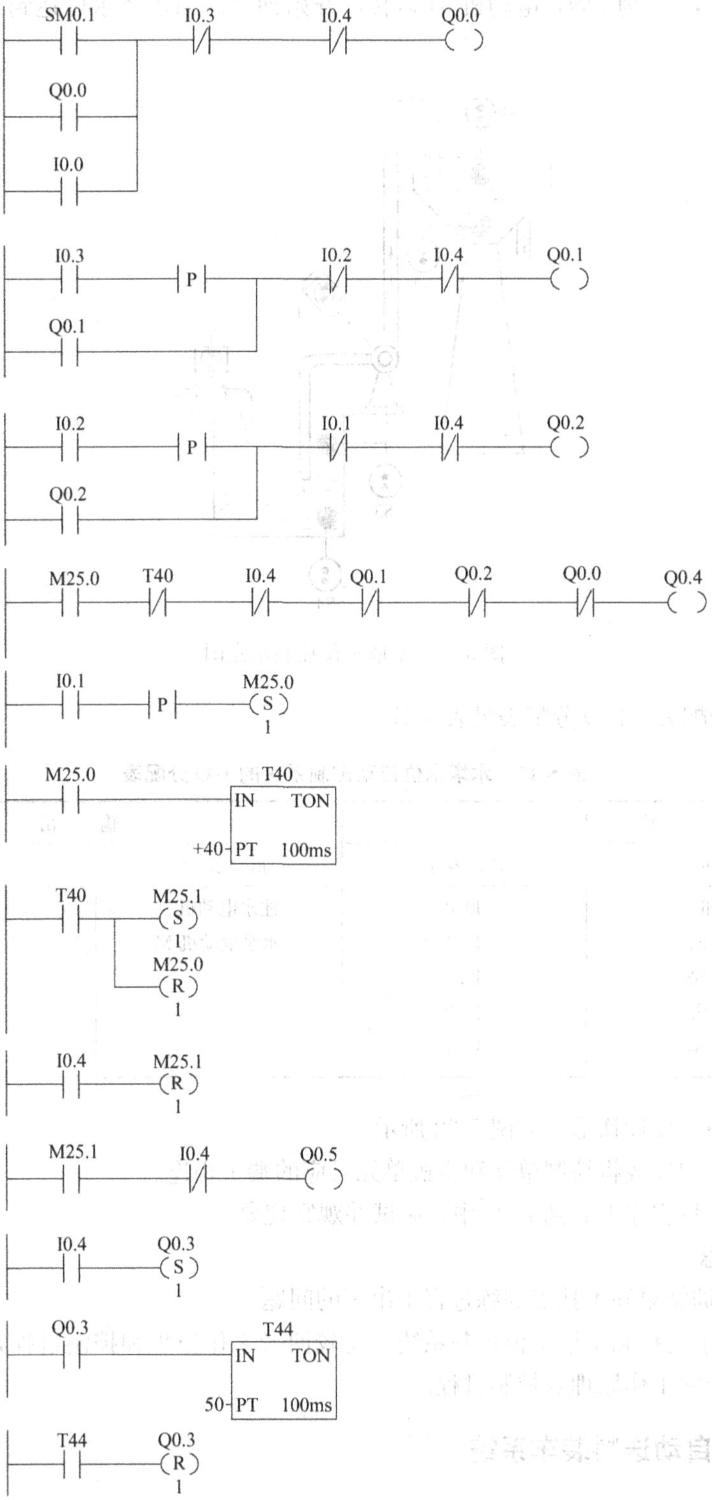

SM0.1
I0.3
I0.4
Q0.0
Q0.0
I0.0
I0.3
P
I0.2
I0.4
Q0.1
Q0.1
I0.2
P
I0.1
I0.4
Q0.2
Q0.2
M25.0
T40
I0.4
Q0.1
Q0.2
Q0.0
Q0.4
I0.1
P
M25.0
S
1
M25.0
T40
IN TON
+40 PT 100ms
T40
M25.1
S
1
M25.0
R
1
I0.4
M25.1
R
1
M25.1
I0.4
Q0.5
I0.4
Q0.3
S
1
Q0.3
T44
IN TON
50 PT 100ms
T44
Q0.3
R
1

图 5-30　多种液体自动混合控制系统梯形图

当水位高于水池高水位界时（S3 为 ON 表示），阀 Y 关闭。当 S4 为 OFF 时，且水塔水位低于水塔低位界时，S2 为 ON，电动机 M 运转，开始抽水。当水塔水位达到其高水位时，电动机停止运转。

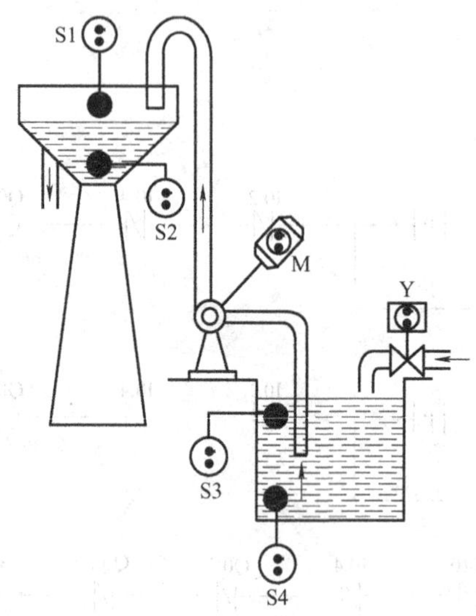

图 5-31　水塔水位控制示意图

（2）I/O 分配表　I/O 分配表见表 5-17。

表 5-17　水塔水位自动控制系统的 I/O 分配表

输　　入		输　　出	
按　　钮	PLC 端子	指　示　灯	PLC 端子
起动按钮	I0. 0	注水电动机 Y	Q0. 0
液位开关 S1	I0. 1	水泵电动机 M	Q0. 1
液位开关 S2	I0. 2		
液位开关 S3	I0. 3		
液位开关 S4	I0. 4		

（3）梯形图　设计梯形图如图 5-32 所示。

（4）接线　用导线将控制单元和主机单元对应的端子相连。

（5）测试　将程序下载到 PLC 中，调试并观察现象。

4. 训练反思

1）分析实训结果和本技能训练过程中出现的问题。

2）联系抽水马桶和水塔水位控制系统，比较两者工作原理和控制过程异同，进一步理解水位控制系统的工作原理及控制过程。

任务 5.6.7　自动送料装车系统

1. 训练目的

1）掌握工业生产过程中 PLC 控制方法。

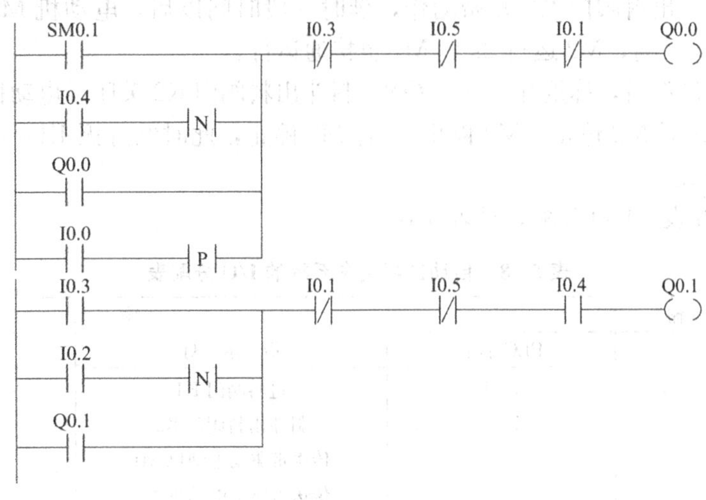

图 5-32　水塔水位控制系统梯形图

2）掌握使用 PLC 解决生产实际问题。

3）掌握用编程软件对 PLC 运行进行监控。

2. 训练设备

1）计算机 1 台、可编程序控制器训练装置一套。

2）自动送料装车系统实训装置。

3）连接导线若干。

3. 训练内容和步骤

（1）控制要求

① 初始状态：红灯亮 L1＝ON，绿灯灭 L2＝OFF，表示汽车是空载。进料阀门 K1，料斗出料阀门 K2，电动机 M1、M2、M3 皆为 OFF 状态。

② 当系统开始运行时，进料阀门 K1 开始动作，料仓进料，当料仓货满时，检测开关

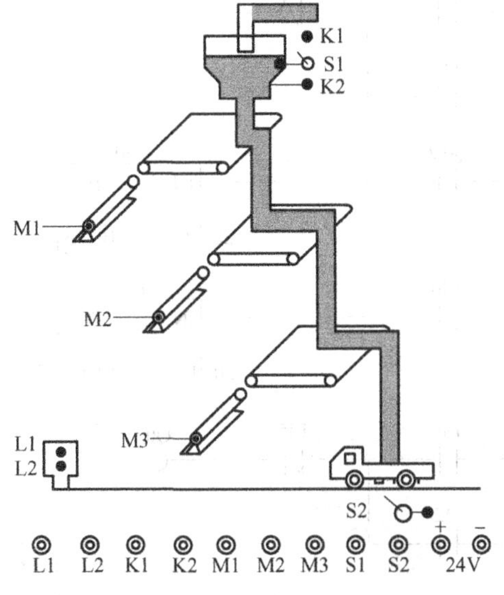

图 5-33　自动送料装车系统示意图

S1 输出信号，料斗出料阀门 K2 开始动作，延时一段时间以后，电动机 M3 运行，电动机 M3 运行 2s 后 M2 接通，M2 运行 2s 后 M1 也接通运行。

③ 当汽车装满料后，称重开关 S2＝ON，料斗出料阀门 K2 关闭，电动机 M1 运行 2s 后停止，M1 停止 2s 后 M2 停止，M2 停止 2s 后 M3 停止，此时红灯灭 L1＝OFF，绿灯L2＝ON，汽车可以开走。

（2）I/O 分配表　I/O 分配表见表 5-18。

表 5-18　自动送料装车系统的 I/O 分配表

输　　入		输　　出	
按　　钮	PLC 端子	指　示　灯	PLC 端子
检测开关 S1	I0. 1	进料阀门 K1	Q0. 1
称重开关 S2	I0. 2	料斗出料阀门 K2	Q0. 2
		传送带驱动电动机 M1	Q0. 3
		传送带驱动电动机 M2	Q0. 4
		传送带驱动电动机 M3	Q0. 5
		绿灯 L2	Q0. 6
		红灯 L1	Q0. 7

（3）梯形图　设计梯形图如图 5-34 所示。

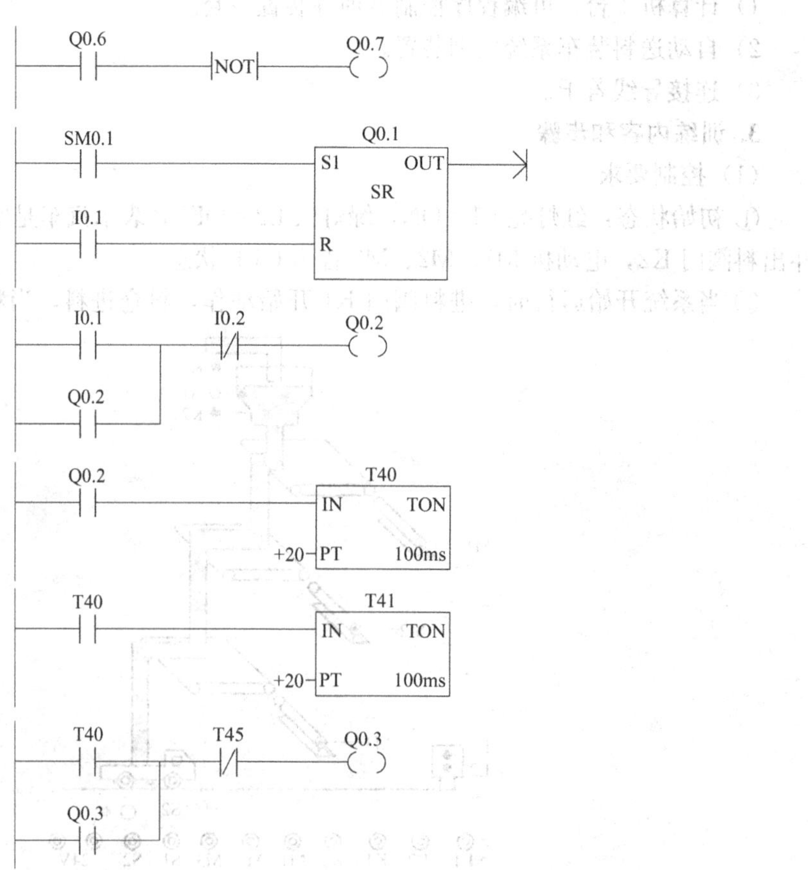

图 5-34　自动送料装车系统梯形图

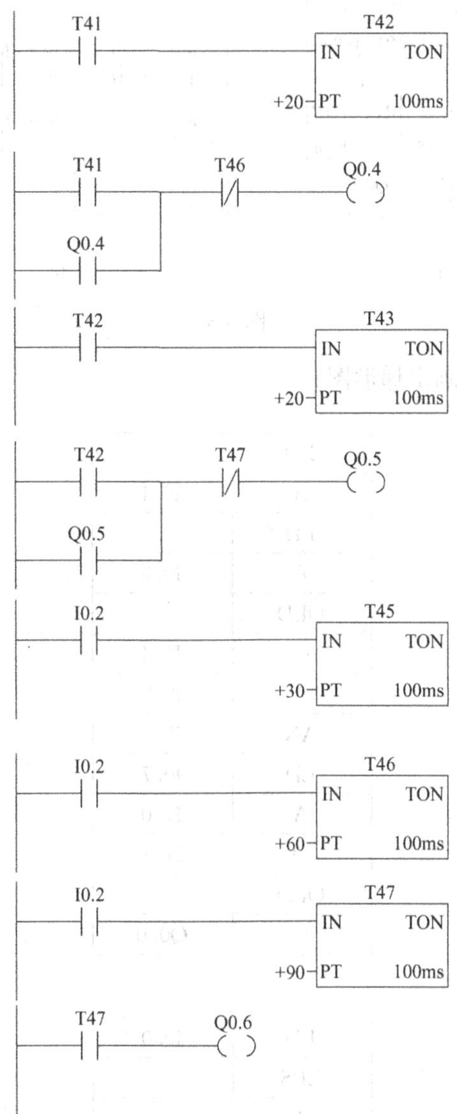

图 5-34　自动送料装车系统梯形图（续）

(4) 接线　用导线将控制单元和主机单元对应的端子相连。

(5) 测试　将程序下载到 PLC 中，调试并观察现象。

4. 训练反思

1）分析实训结果和本技能训练过程中出现的问题。

2）在原技能训练的基础上，增加每日装车次数统计功能。

习　　题

5.1　根据图 5-35 写出指令。

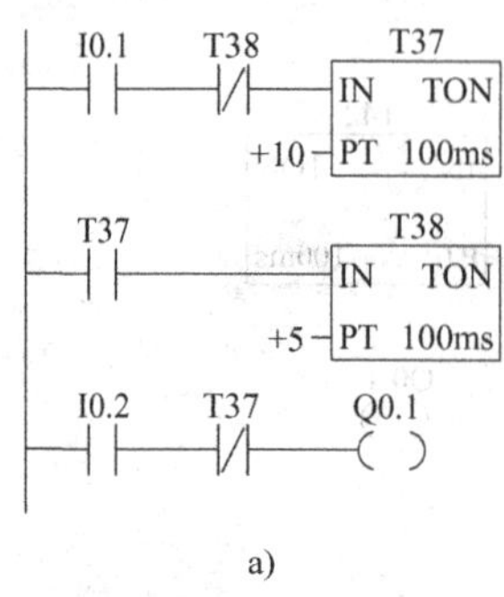

a)

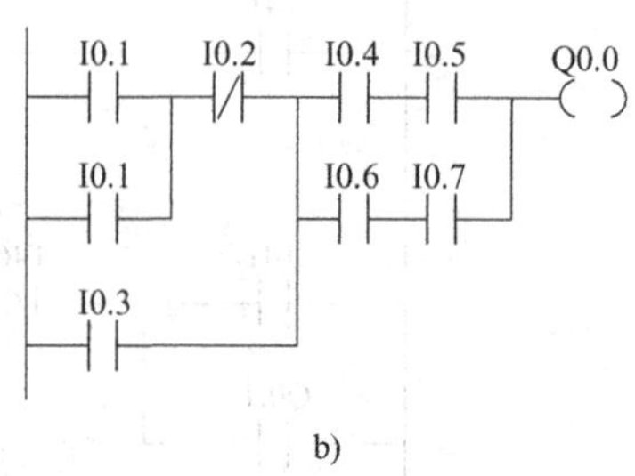

b)

图 5-35

5.2 根据下列的指令画出梯形图。

(1)

LD	I0.0
A	I0.1
LD	I0.2
A	I0.3
OLD	
O	I0.4
A	I0.5
AN	I0.6
LD	I0.7
A	I1.0
O	I1.1
OLD	
=	Q0.0

(2)

LD	I0.0
LPS	
A	I0.1
LPS	
A	I0.2
LPS	
A	I0.3
=	Q0.0
LPP	
=	Q0.1
LPP	
=	Q0.2
LPP	
=	Q0.3

5.3　有两台电动机 M1 和 M2，要求 M1 起动 10s 后 M2 才起动，两台电动机同时停止。试画出梯形图，并写出其指令。

5.4　设计一个闪烁灯的控制电路，即闪烁灯亮 3s，灭 2s……画出梯形图，并写出指令。

5.5　一个十字路口交通灯的显示颜色如图 5-36 所示，试用 PLC 设计其控制梯形图，要求：

(1) 起动后，南北红灯亮，东西绿灯亮；

(2) 南北红灯亮 30s、东西绿灯亮 25s 后、绿灯每 1s 闪亮一次，闪亮三次后熄灭，接着黄灯亮 2s 后熄灭；

(3) 黄灯熄灭后，东西改为红灯亮 30s、南北绿灯亮 25s 后，绿灯每 1s 闪亮一次，闪亮三次后熄灭，接着黄灯亮 2s 后熄灭；

(4) 按照上述过程不断循环。

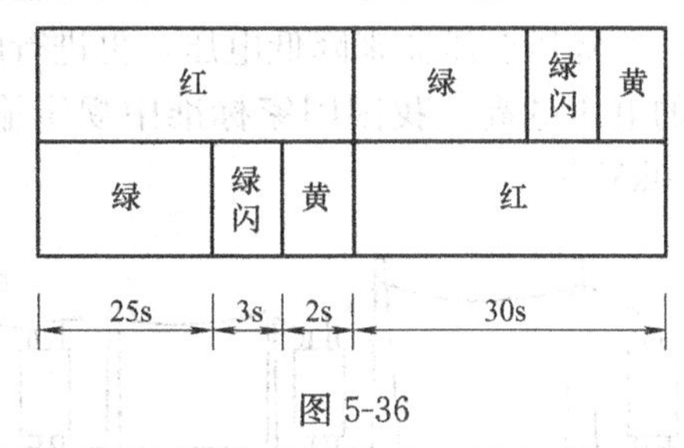

图 5-36

项目 6　供配电与安全用电系统的认知

模块 6.1　供电与配电系统的认识

任务 6.1.1　认识供配电系统

1. 电力系统

发电厂大多建在能源丰富但远离用户的地区，所以发出的电能需要用升压变压器将电压升高进行输送，到用电户后，经降压变压器来降低电压，再进行配电，如图 6-1 所示。通常送电距离越远，要求输电线的电压越高。我国国家标准中规定输电线的额定电压为 35kV、110kV、220kV、330kV、500kV 等。

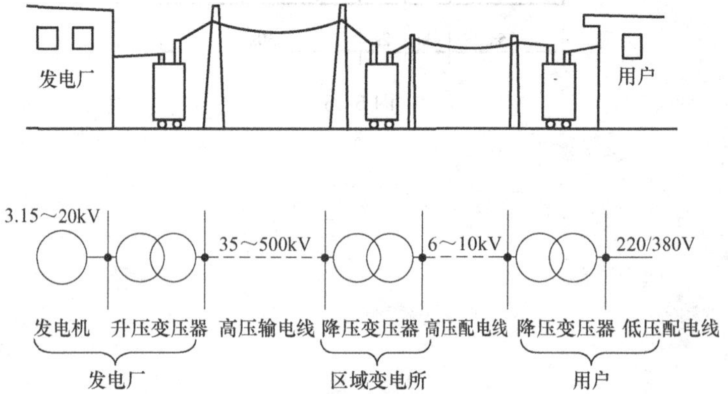

图 6-1　电力系统示意图

电力系统由发电厂、电力网和用户组成。

发电厂是提供电能的部分，是将自然界蕴藏的各种天然能源（一次能源）转换为电能（二次能源）的工厂。按照所利用的能源种类，发电可分为水力发电、火力发电、原子能发电、风力发电、太阳能发电等几种。

电能从发电要经过升压、传输、降压、分配等中间环节才能到用户，这个中间环节称为电力网，简称电网。在一般情况下，将多个发电厂与变电所联合起来，构成一个大容量的电网进行供电。

生活和生产中的用电设备统称为用户。它们将电能分别转换成机械能、化学能、热能、光能等不同形式的能量。

2. 电力的分配

变电所将电能分配给各工业企业和城市，一般工业企业设有中央变电所和车间变电所。中央变电所将接收来的电力分配到各车间，再由车间变电房或配电箱将电力分配给各用电设备。

高压配电线的额定电压有 3kV、6kV 和 10kV 三种，低压配电线的额定电压是 380V/220V。用电设备的额定电压一般是 220V 和 380V，大功率电动机的电压是 3000V 和 6000V，机床局部照明的电压是 36V。

任务 6.1.2　工厂供电系统的认知

1. 工厂供电系统的要求

工厂供电是指工厂将接收的电能进行降压，之后进行供应与分配，合理的供电系统应满足安全（即在电能的供应、分配、使用中，不应发生人身和设备事故）、可靠（即对用户的供电应具有可靠性）、优质（即对用户提供稳定的电压和频率）、经济（即系统的投资少、运行费用低）的要求。

2. 工厂供电系统的构成

在生产车间，可设立一个或几个车间变电所（包括配电所），车间变电所中一般设置1～2 个变压器，容量一般小于或等于 1000kV・A，可将 6～10kV 的电压降至 380V/220V，对设备供电。大、中型工厂供电系统如图 6-2 所示。

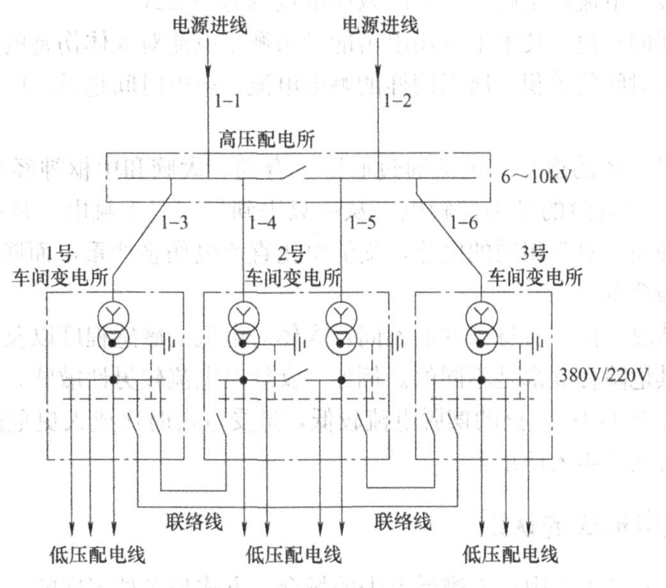

图 6-2　大、中型工厂供电系统示意图

模块 6.2　用电安全的基本常识

用电安全包括用电时的人身安全和设备安全。当发生人身触电时，轻则烧伤，重则死亡；当发生设备事故时，轻则损坏电器设备，重则引起火灾或爆炸，因此必须重视安全用电，防止电气事故的发生。

任务 6.2.1　人体触电状况的分析

1. 触电的类型

根据人体所伤害的性质，触电分为电伤与电击两种。

电伤是指电流对人体外部的伤害，是电流的热效应、化学效应或机械效应对人体造成的局部伤害，包括电弧烧伤、烫伤、电烙印、皮肤金属化、电气机械性伤害、电光眼等不同形式的伤害。

电击又称触电，是电流通过人体内部，破坏人的心脏、神经系统、肺部的正常工作造成的伤害，是由于一定量电流或电能量（静电）通过人体引起全身组织损伤、功能障碍，严重时会使心跳呼吸骤停。

2. 触电对人体的伤害程度

电流通过人体时，对人体伤害的严重程度与通过人体电流的大小、频率、途径以及人体状况等多种因素有关。

（1）电流的大小　电流的大小是触电时对人体伤害的主要因素。按照通过人体电流大小的不同以及人体所呈现的不同状态，将工频交流电流分为感知电流、摆脱电流和致命电流三级。

感知电流是人能感觉到的最小电流，工频交流电的感知电流约为1mA；摆脱电流是人触电以后自主摆脱电源的最大电流，工频交流电的摆脱电流约为16mA；致命电流是指短时间内危及生命的最小电流，工频交流电的致命电流约为30mA。

（2）通电时间的长短　技术上常用电击能量来衡量电流对人体伤害的程度。电击能量是指触电电流与触电时间的乘积。所以同样的触电电流，触电时间越长，电击能量越大，对人体的伤害也越大。

（3）电流通过人体的途径　电流通过心脏、脊髓、大脑和中枢神经等部位时，对人体的伤害最大。触电最危险的是头部触电、从一只手到另一只手触电、从一只手到脚触电。

（4）电流的种类　对于相同的电流，交流电比直流电伤害严重，而频率为50Hz的交流电对人体伤害最为严重。

（5）人体的状况　由于自身条件的不同，人体对电流的敏感程度以及不同的人在遭受同样电流的电击时其危险程度都是不同的。例如，女性对电流较男性敏感，女性的感知电流和摆脱电流约比男性低1/3；小孩的摆脱电流较低，遭受电击时比成人更危险；人体患有心脏病时，受电击伤害比健康人严重等。

任务6.2.2　触电形式的认识

在生产过程和日常生活中，人遭受电击的场合、方式是多种多样的，按其原因可分为直接触电、间接触电和跨步电压触电。

1. 直接触电

直接触电是指人体直接接触或过分接近带电体而造成的触电，主要分为两相触电、单相触电两种。

（1）两相触电　两相触电指人体同时触及两相带电体的触电，这时加在人体两个部位之间的电压是线电压，如图6-3所示，若在380V/220V的电网中该电压为380V，这种触电方式是最危险的。

（2）单相触电　单相触电是指人体的某个部位在地面或接地体上，而另一个部位触及三相供电系统中的一相带电体的触电。单相触电可分为供电系统中性点接地的单相触电和供电系统中性点不接地的单相触电，如图6-4所示。

图 6-3　两相触电

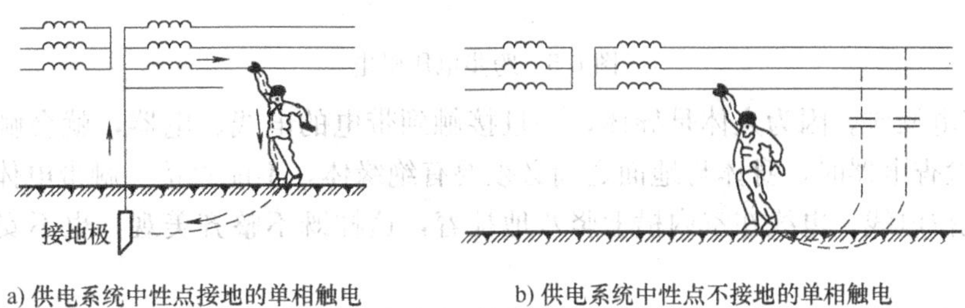

a) 供电系统中性点接地的单相触电　　b) 供电系统中性点不接地的单相触电

图 6-4　单相触电

在 380V/220V 的三相四线制中性点接地的供电系统中，当人体接触到一根相线时，电流从该相线经过人体，再回到大地到中性点，如图 6-4a 所示，这时回路的电压是相电压，为 220V。此时若人体穿上绝缘鞋站在干燥的地面上是比较安全的。

若供电系统中性点不接地，由于输电线与大地之间存在着分布电容，交流电通过分布电容和绝缘电阻而形成回路。当人体接触到一根相线时，人体与分布电容形成三相不对称负载的星形联结，如图 6-4b 所示，线路越长，绝缘越差，人体承受的电压越大。

2. 间接触电

间接触电是指由于绝缘损坏导致碰壳故障，使本来不带电的物体带电，人体接触到这些物体而导致的触电。例如当电气设备使用时间过长，绝缘老化，使带电部分与金属外壳相连，从而使外壳带电，造成触电事故。

3. 跨步电压触电

高压线断落地面或建筑物上、电器设备外壳漏电接地等，都会发生电流向大地扩散，在大地上形成电位差，当人的两只脚站在具有不同对地电压的两点上时，两脚之间的电压就是人所承受的跨步电压，由跨步电压造成的触电称为跨步电压触电，如图 6-5 所示。

任务 6.2.3　安全用电的操作

1. 安全用电的意义

随着电气自动化的发展，大量的用电设备的应用给我们的生产和生活带来很大的方便。但是在使用设备中，如果不注意安全，会造成设备的损坏，甚至人身的伤亡。为此，在使用电气设备时，必须注意用电安全，以确保人身、设备、系统三方面的安全。

2. 安全用电的措施

1）提高安全用电意识，自觉遵守供电部门制定的用电规定。

图 6-5　跨步电压触电

2）不带电操作。因为人体是导体，一旦接触到带电的电线、电器，就会触电。因此在安装检修或检查电器时，身体与地面之间必须要有绝缘体，不能直接接触带电体。

3）不乱拉电线。电线在室内横七竖八地挂着，这样既不整齐美观，也不安全，会造成触电事故。

4）不可用湿布擦拭设备，也不要用湿手插拔设备的插头或扳动开关，平时应注意设备的防潮。

5）设备的安装与维修应找电工，不懂电气知识的人，不要随便摆弄电气设备。

6）应远离电线的落地点，对于 6～10kV 的高压电，应离开电线的落地点 10m 远。不能用手去捡落地的电线，应派人看守，并尽快找电工停电维修。

模块 6.3　接地保护

在电气设备使用过程中，为避免人体发生触电的危害，需要对设备进行安全保护，常用的保护方法有保护接地和保护接零两种。

接地按功能可分为工作接地和保护接地。工作接地是指电气设备为保护其正常工作而进行的接地。

任务 6.3.1　保护接地的连接

1. 保护接地的概念

保护接地就是将电气设备的金属外壳接地，此方法适用于中性点不接地的低压系统。

2. 保护接地的原理

若电动机外壳没接地（见图 6-6a），则当电动机发生一相漏电故障时，其外壳将带有相电压，此时如果人体触及外壳，全部接地电容电流将通过人体，非常危险；如果电动机外壳进行了保护接地（见图 6-6b），则由于人体电阻远远大于保护接地电阻 R_0（$R_0<4\Omega$），因此人体触及外壳也无多大危险。

任务 6.3.2　重复接地的连接

1. 重复接地的概念

在电源中性线工作接地的系统中，为确保保护接零的可靠性，还需要间隔一定的距离将中性线或接地线重新接地，称为重复接地。

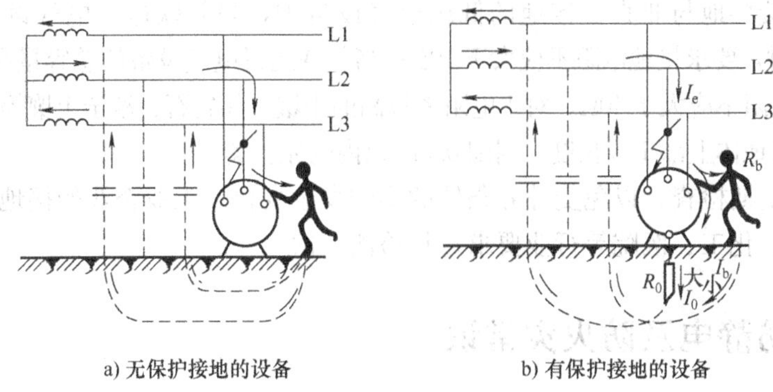

a) 无保护接地的设备　　b) 有保护接地的设备

图 6-6 保护接地

2. 重复接地的作用

在未重复接地的系统中，若中性线断开，如图 6-7a 所示，设备外露的金属部分带电，当人体触及时会造成触电的可能。而在重复接地的系统中，如图 6-7b 所示，即便中性线断开，外露的金属部分因为重复接地而使其对地的电压大大降低，对人体的危害也会大大降低。需要注意的是应尽量避免中性线或接地线出现断开的现象。

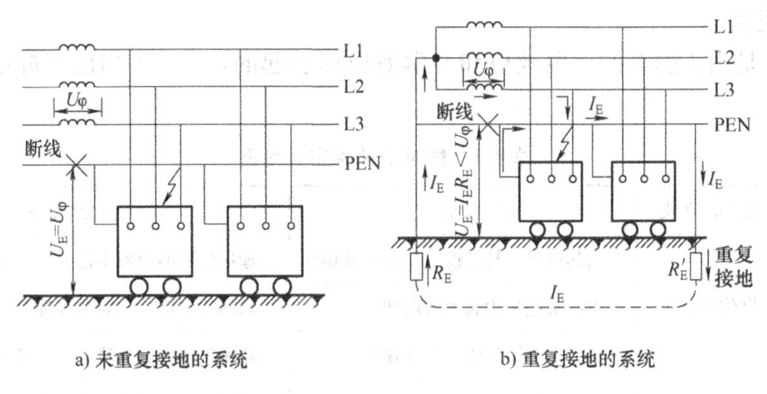

a) 未重复接地的系统　　b) 重复接地的系统

图 6-7 重复接地

任务 6.3.3 接地装置的安装与检测

1. 接地装置的安装

接地装置也称接地一体化装置，它是把电气设备或其他物体和地之间构成电气连接的设备，用以实现电气系统与大地相连接的目的。接地装置由接地极、接地母线、接地跨接线、构架接地等部分组成。

接地极是与大地直接接触实现电气连接的金属物体，它可以是人工接地极，也可以是自然接地极。接地极可实现系统接地、保护接地或信号接地等电气功能。

接地母线是建筑物电气装置的参考电位点，它有两个作用：一是将电气装置内需接地的部分与接地极相连接；二是将电气装置内的等电位连接线互相连通。

2. 接地装置的检测

接地电阻是指电流经过接地体进入大地并向周围扩散时所遇到的电阻。电流经接地体注入大地后，以电流场的形式向四处扩散，因此可认为在较远处（20m 以外）的电位已为零。

在中性点直接接地与非直接接地的低压电气设备中，当并联运行电气设备的总容量在100kV·A以下时，要求接地电阻不应大于10Ω；当并联运行电气设备的总容量在100kV·A以上时，要求接地电阻不应大于40Ω。对于电阻率较高的土壤（如岩石、沙子土壤等），应用电阻率较低的土壤换掉接地体上部1/3长度、周围0.5m以内的原土壤。

接地电阻应定期检查，以免受外界条件的影响发生变化。工业企业的接地电阻应两年检测一次，而防爆、化工、医院等行业要求每年检测一次。

模块6.4　防静电及防火灾常识

任务6.4.1　静电防护常识的认知

因某种原因（例如摩擦带电、感应带电）使物体表面带静止电荷且电压较高时，通常称为静电。静电现象有可以利用的一面，如静电防尘、静电喷涂、静电植绒、静电纺纱、静分选、静电印刷以及静电空气分离等。但静电现象又有危害的一面，应采取必要的措施进行防护。

1. 静电危害

静电危害是由于静电的放电效应和力学效应而引起的，表6-1列出了静电的几种主要危害。

表6-1　静电的几种主要危害

危害原因	危害种类	危害形式	危害事例
放电作用	爆炸及火灾	引起可燃、易燃性液体起火或爆炸	输送汽油的设备不接地可能引起着火
		引起某些粉尘起火或爆炸	硫磺粉、铝粉、面粉等都有可能发生
		引起易燃性气体起火或爆炸	高速气流如氢气喷出时，可能引起爆炸
	人身伤害	使人遭电击	橡胶厂的压延机静电很高，容易发生电击
		因电击引起二次灾害	意外电击可能发生跌倒或空中坠落
		引起元器件损坏或电子装置误动作	MOS型IC元件损坏或使用该类型元件的装置失灵
	妨碍生产	静电火花使胶片感光	使感光胶片报废
力学作用	妨碍生产	使粉尘吸附于设备	影响粉尘的过滤和传送
		印刷时纸张不齐，不能分开	影响工作效率和质量

2. 静电防护

静电的防护主要从工艺上抑制静电的产生，加速静电的泄漏与中和，以及在降低易燃、易爆混合物浓度等方面采取措施。

（1）从工艺上抑制静电的产生

①两种互相接触或摩擦的物体会产生静电，按电荷的极性将材料排成表6-2所示的序列，称为静电序列。

表 6-2　按电荷的极性将材料排成的序列

序列号	1	2	3	4	5	6	7	8	9	10
物体	玻璃	头发	尼龙	羊毛	人造纤维	绸	人造丝	纸浆	黑橡胶	涤纶
材料	乙基赛璐珞	酪朊	帕司派克司	塔夫塔尔	硬橡胶	醋酸赛璐珞	玻璃	聚苯乙烯	聚乙烯	聚四氟乙烯

在静电序列中，排在前面（序号小）的材料带正电荷，排在后面的带负电荷，序号差别越大的两种材料摩擦时所产生的静电电荷量越大。静电序列是实验结果，可以列出多种静电序列，详见有关抗静电专业资料。

在工业生产中可选序号相近的两种材料，或可以给某种物料选用前后两种序号的材料为其先后接触的设备材料，以利于电荷的互相中和，减少物料上的静电。

② 采用管道输送易燃、易爆物料和高电阻率液体时，必须控制物料的流速。通常烃类油料的最高限制流速见表 6-3。

表 6-3　烃类油料的最高限制流速

管内径/mm	10	25	50	100	200	400	600
最高限制流速/(m/s)	8	4.9	3.5	2.5	1.8	1.3	1.0

③ 许多粉尘在其加工、储运过程中会产生大量的静电电荷，应控制粉尘的粉量，即限制其体积。通常，容积在 0.2m^3以下，因静电引起爆炸的危险性极小。

④向容器内倾注高电阻率液体时，应防止液体飞溅和冲击。应合理地设计注入口的位置，一般都安装在容器底部，并加装分流头。

⑤ 在低导电性物质（如塑料、橡胶、化纤等）中掺入少量导电性物质，以增加其导电性，从而减少静电的产生。

(2) 加速静电的泄漏与中和

① 静电接地。导体上的静电可以采用接地的方法将静电电荷泄漏至大地。由于静电泄漏电流很小，所以单纯为了消除导体上的静电，接地电阻不超过 1kΩ 即可。如果金属设备本身已接地，或有其他用途的接地（如保护接地），则静电接地可以兼用，不必另设。

② 涂敷导电覆盖层后接地。为了防止绝缘体表面带电，可以在绝缘体表面涂敷导电覆盖层并接地，以泄漏静电电荷。导电覆盖层的材料是掺有金属粉、石墨粉等导电性填料的聚合材料，经过专门喷刷工艺完成的厚度为 0.1～0.2mm 的覆盖层。根据需要可以完全覆盖绝缘体，也可以不完全覆盖。

③ 设置导电性地面，有助于泄除人体上的静电。

④ 增加环境湿度，有助于非金属导体的静电泄漏。

⑤ 浸涂化学抗静电添加剂。外涂用的化学抗静电剂有多种，可浸涂于塑料表面或化纤衣料的表面，在一段时间内有助于静电泄漏。

⑥ 安装静电消除器。静电消除器是一种离子发生器，其作用是以它产生的极性相反的离子去中和物体上所带的静电，以达到消除静电的目的。

总之，静电防护和消除有时是一件相当艰巨的工作，往往需要综合多种措施才可收到满意的效果。

任务 6.4.2　火灾防护及急救常识的认知

电气设备引起火灾的原因很多，其主要原因是：设备和线路过载运行；供电线路绝缘老化，受损引起漏电、短路；设备过热，温升太高引起绝缘纸、绝缘油等燃烧；电气设备运行中产生明火（如电刷火花、电弧、电炉等）引燃易燃物；静电火花引燃等。据报道，电气火灾有逐年上升的趋势，电气防火是应当引起人们重视的问题。

1. 电气防火的基本措施

1）按防火要求设计和选用电气产品。

2）严格按额定值规定的条件使用电气产品。

3）按防火要求提高电气安装和维修水平，主要从减少明火、降低温度、减少易燃物三个方面入手。

4）配备灭火器具。在电气设备密集的场所及含有易燃易爆气体、粉尘的场所，应配备必要灭火器材和工具。

2. 电气火灾急救常识

当发生电气火灾时，为了防止电气火灾蔓延，使火灾损失降至最低，必须采取急救措施。

1）立即切断有关设备的电源，然后进行灭火工作。

2）对带电设备灭火时，切忌用水和泡沫灭火剂，应使用不导电的灭火器，如二氧化碳灭火器、四氯化碳灭火器、干粉灭火器、卤代烷灭火器、二氟一氯一溴甲烷（1211）灭火器等。几种灭火器的性能及用途见表 6-4。对灭火器要定期检查，防止失效。

表 6-4　几种灭火器的性能及用途

灭火器种类	二氧化碳灭火器	四氯化碳灭火器	干粉灭火器	1211 灭火器
规格	2kg 以下 2～3kg 5～7kg	2kg 以下 2～3kg 5～8kg	8kg 50kg	1kg 2kg 3kg
药剂	液态二氧化碳	四氯化碳液体，并有一定压力	钾盐或钠盐干粉，并有盛装压缩气体的小钢瓶	二氟一氯一溴甲烷，并充填压缩氮
用途	扑救电气精密仪器、油类或酸类火灾。不能扑救钾、钠、镁、铝物质火灾	扑救电气火灾。不能扑救钾、钠、镁、铝、乙炔、二氧化硫火灾	扑救电气设备、石油产品、油漆、有机溶剂、天然气火灾。不宜扑救电动机火灾	扑救电气设备、油类、化工化纤原料初起火灾
效能	射程 3m	3kg，喷射时间 30s，射程 7m	8kg，喷射时间 14～18s，射程 4.5m	1kg，喷射时间 6～8s，射程 2～3m
使用方法	一手拿喇叭筒对着火源，另一手打开开关	只要打开开关，液体就可喷出	提起圈环，干粉就可喷出	拔下铅封或横销，用力压下压靶
检查方法	每三个月测量一次，当减少原量 1/10 时应充气	每三个月试喷少许，压力不够时应充气	每年抽查一次干粉是否受潮或结块；小钢瓶内气体压力每半年检查一次，若重量减少 1/10 应换气	每年检查一次重量

3）对有油的设备，应使用干燥的黄沙灭火。

4）进行电气火灾急救时，扑救人员要特别注意自身安全，应有绝缘措施。

习　　题

6.1　为什么远距离输送电要采用高压电？

6.2　什么叫电力系统和电网？

6.3　对工厂供电系统的要求是什么？

6.4　触电的类型与形式是什么？

6.5　什么是保护接地、保护接零和重复接地？

6.6　保护接地、保护接零和重复接地的作用是什么？

6.7　如何选择接地电阻？

6.8　家里用的都是单相交流电，为什么有些电源插座是三个孔的？

附　　录

附录 A　希腊字母表

序　号	大　　写	小　　写	中文读音	意　　义
1	Α	α	阿耳发	角度、系数
2	Β	β	贝塔	磁通系数、角度、系数
3	Γ	γ	嘎马	电导系数（小写）
4	Δ	δ	得耳塔	变化量、密度、屈光度
5	Ε	ε	艾普西龙	对数的基数
6	Ζ	ζ	截塔	系数、方位角、阻抗、相对黏度、原子序数
7	Η	η	衣塔	磁滞系数、效率（小写）
8	Θ	θ	西塔	温度、相位角
9	Ι	ι	约塔	微小、一点儿
10	Κ	κ	卡帕	介质常数
11	Λ	λ	兰姆达	波长（小写）、体积
12	Μ	μ	谬	磁导系数、微（千分之一）、放大因数（小写）
13	Ν	ν	纽	磁阻系数
14	Ξ	ξ	克西	
15	Ο	ο	奥密克戎	
16	Π	π	派	圆周率＝圆周÷直径＝3.14159 26535 89793
17	Ρ	ρ	洛	电阻率（小写）
18	Σ	σ	西格马	总和（大写）、表面密度、跨导（小写）
19	Τ	τ	滔	时间常数
20	Υ	υ	依普西龙	位移
21	Φ	φ	费衣	磁通、角度
22	Χ	χ	喜	
23	Ψ	ψ	普西	角速度、介质电通量（静电力线）、角度
24	Ω	ω	欧米嘎	欧姆（大写）、角速（小写）、角度

附录B　常用单位列表

物理量	单位名称	单位符号	物理量	单位名称	单位符号
电流	千安	kA	频率	兆赫	MHz
	安培	A		千赫	kHz
	毫安	mA		赫兹	Hz
	微安	μA	电阻	兆欧	MΩ
电压	千伏	kV		千欧	kΩ
	伏	V		欧姆	Ω
	毫伏	mV		毫欧	mΩ
	微伏	μV	相位	度	°
功率	兆瓦	MW	功率因数	无单位	—
	千瓦	kW	无功功率因数	无单位	—
	瓦特	W	电容	法拉	F
无功功率	兆乏	Mvar		微法	μF
	千乏	kvar		皮法	pF
	乏尔	var	电感	亨	H
				毫亨	mH
				微亨	μH

附录C　常见的几种电工仪表

一、绝缘电阻表

绝缘电阻表又称兆欧表，其用途是测试线路或电气设备的绝缘状况。使用方法及注意事项如下：

1）首先选用与被测元件电压等级相适应的绝缘电阻表，对于500V及以下的线路或电气设备，应使用500V或1000V的绝缘电阻表。对于500V以上的线路或电气设备，应使用1000V或2500V的绝缘电阻表。

2）用绝缘电阻表测试高压设备的绝缘时，应由两人进行。

3）测量前必须将被测线路或电气设备的电源全部断开，即不允许带电测绝缘电阻，并且要查明线路或电气设备上无人工作后方可进行。

4）绝缘电阻表使用的表线必须是绝缘线，且不宜采用双股绞合绝缘线，其表线的端部应有绝缘护套；绝缘电阻表的线路端子“L”应接设备的被测相，接地端子“E”应接设备外壳及设备的非被测相，屏蔽端子“G”应接到保护环或电缆绝缘护层上，以减小绝缘表面泄漏电流对测量造成的误差。

5）测量前应对绝缘电阻表进行开路校检。绝缘电阻表“L”端与“E”端空载时，摇动绝缘电阻表其指针应指向“∞”；绝缘电阻表“L”端与“E”端短接时，摇动绝缘电阻表其指针应指向“0”。说明绝缘电阻表功能良好，可以使用。

6）测试前必须将被试线路或电气设备接地放电。测试线路时，必须取得另一名工作人员允许后方可进行。

7）测量时，摇动绝缘电阻表手柄的速度要均匀，120r/min为宜；保持稳定转速1min后，取读数，以便躲开吸收电流的影响。

8）测试过程中两手不得同时接触两根线。

9）测试完毕应先拆线，后停止摇动绝缘电阻表，以防止电气设备向绝缘电阻表反充电导致其损坏。

10）雷电时，严禁测试线路绝缘。

二、钳形电流表

钳形电流表分高、低压两种，用于在不拆断线路的情况下直接测量线路中的电流。其使用方法如下：

1）使用高压钳形表时应注意钳形电流表的电压等级，严禁用低压钳形表测量高电压回路的电流。用高压钳形表测量时，应由两人操作，测量时应戴绝缘手套，站在绝缘垫上，不得触及其他设备，以防止短路或接地。

2）观察测量值时，要特别注意保持测量人员头部与带电部分的安全距离，人体任何部分与带电体的距离不得小于钳形表的整个长度。

3）在高压回路上测量时，禁止用导线从钳形电流表另接表计测量。测量高压电缆各相电流时，电缆头线间距离应在300mm以上，且绝缘良好，待认为测量方便时，方能进行。

4）测量低压可熔保险器或水平排列低压母线电流时，应在测量前将各相可熔保险或母线用绝缘材料加以保护隔离，以免引起相间短路。

5）当电缆有一相接地时，严禁测量。防止出现因电缆头的绝缘水平低发生对地击穿爆炸而危及人身安全。

6）钳形电流表测量结束后把开关拨至最大量程档，以免下次使用时不慎过流，并应保存在干燥的室内。

三、数字万用表

数字万用表是一种多用途电子测量仪器，一般包含安培计、电压表、电阻计等功能，有时也称为万用计、多用计、多用电表或三用电表。使用频率最高的几种测量包括：电阻的测量；直流、交流电压的测量；直流、交流电流的测量；二极管的测量；晶体管的测量。

1. 电阻的测量

（1）测量步骤　首先红表笔插入VΩ孔，黑表笔插入COM孔，量程旋钮打到“Ω”量程档适当位置，分别用红黑表笔接到电阻两端金属部分，读出显示屏上显示的数据。

（2）注意事项　应注意量程的选择和转换。量程选小了显示屏上会显示“1.”，此时应换用较大的量程；反之，量程选大了的话，显示屏上会显示一个接近于“0”的数，此时应换用较小的量程。如何读数？显示屏上显示的数字再加上边档位选择的单位就是它的读数。要提醒的是在“200”档时单位是“Ω”，在“2k～200k”档时单位是“kΩ”，在“2M～2000M”档时单位是“MΩ”。如果被测电阻值超出所选择量程的最大值，将显示过量程“1”，应选择更高的量程，对于大于1MΩ或更高的电阻，要几秒钟后读数才能稳定，这是正常的。当没有连接好时，例如开路情况，仪表显示为“1”。当检测被测线路的阻抗时，要保证移开被测线路中的所有电源，所有电容放电。被测线路中如有电源和储能元件，会影响线路阻抗测试正确性。

2. 直流电压的测量

（1）测量步骤　红表笔插入VΩ孔，黑表笔插入COM孔，量程旋钮打到V－或V～适当位置读出显示屏上显示的数据。

（2）注意事项　把旋钮选到比估计值大的量程档（注意：直流档是V－，交流档是V～），接着把表笔接电源或电池两端，保持接触稳定。数值可以直接从显示屏上读取，若显示为“1.”，则表明量程太小，那么就要加大量程后再测量。若在数值左边出现“－”，则表明表笔极性与实际电源极性相反，此时红表笔接的是负极。

3. 交流电压的测量

（1）测量步骤　红表笔插入VΩ孔，黑表笔插入COM孔，量程旋钮打到V－或V～适当位置读出显示屏上显示的数据。

（2）注意事项　红表笔插入VΩ孔，黑表笔插入COM孔，不过应该将旋钮打到交流档“V～”处所需的量程即可。交流电压无正负之分，测量方法跟前面相同。无论测交流还是直流电压，都要注意人身安全，不要随便用手触摸表笔的金属部分。

4. 直流电流的测量

（1）测量步骤　断开电路，黑表笔插入COM孔，红表笔插入mA或者20A端口，旋转开关打至A－（直流），选择合适的量程并断开被测线路，将数字万用表串联接入被测线路中，被测线路中电流从一端流入红表笔，经万用表黑表笔流出。接通电路，读出电流数值。

（2）注意事项　估计电路中电流的大小，若测量大于200mA的电流，则要将红表笔插入“10A”插孔，将旋钮打到直流“10A”档；若测量小于200mA的电流，则将红表笔插入“200mA”插孔，将旋钮打到直流200mA以内的合适量程。将万用表串进电路中，保持稳定，即可读数。若显示为“1.”，那么就要加大量程；如果在数值左边出现“－”，则表明电流从黑表笔流进万用表。

5. 交流电流的测量

（1）测量步骤　断开电路，黑表笔插入COM孔，红表笔插入mA或者20A端口，旋转开关打至A～（交流），选择合适的量程并断开被测线路，将数字万用表串联接入被测线路中，被测线路中电流从一端流入红表笔，经万用表黑表笔流出。接通电路，读出电流数值。

（2）注意事项　测量方法与直流相同，不过档位应该打到交流档位，电流测量完毕后应将红笔插回“VΩ”孔，若忘记这一步而直接测电压，你的表或电源有可能会报废。如果使用前不知道被测电流范围，将功能开关置于最大量程并逐渐下降，如果显示器只显示“1”，表示过量程，功能开关应置于更高量程。过量的电流将烧坏熔丝，应再更换，20A量程无熔丝保护，测量时不能超过15s。

6. 电容的测量

（1）测量步骤　将电容两端短接，对电容进行放电，确保数字万用表的安全。将功能旋转开关打至电容“F”测量档，并选择合适的量程。将电容插入万用表CX插孔，读出LCD

显示屏数字。

(2) 注意事项　测量前电容需要放电，否则容易损坏万用表，测量后也要放电，避免埋下安全隐患。仪器本身已对电容档设置了保护，故在电容测试过程中不用考虑极性及电容充放电等情况。测量电容时，将电容插入专用的电容测试座中（不要插入表笔插孔COM、V/Ω），测量大电容时稳定读数需要一定的时间。

7. 二极管的测量

(1) 测量步骤　检测时，万用表置于“R×1k”档，两表笔分别接到二极管的两端，如果测得的电阻值较小，则为二极管的正向电阻，这时与黑表笔（即表内电池正极）相连接的是二极管正极，与红表笔（即表内电池负极）相连接的是二极管负极。如果测得的电阻值很大，则为二极管的反向电阻，这时与黑表笔相接的是二极管负极，与红表笔相接的是二极管正极。

(2) 注意事项　正常的二极管，其正、反向电阻的阻值应该相差很大，且反向电阻接近于无穷大。如果某二极管正、反向电阻值均为无穷大，说明该二极管内部断路损坏；如果正、反向电阻值均为0，说明该二极管已被击穿短路；如果正、反向电阻值相差不大，说明该二极管质量太差，也不宜使用。由于锗二极管和硅二极管的正向管压降不同，因此可以用测量二极管正向电阻的方法来区分锗二极管和硅二极管。如果正向电阻小于1kΩ，则为锗二极管。如果正向电阻为1～5kΩ，则为硅二极管。

8. 晶体管的测量

(1) 测量步骤　红表笔插入VΩ孔，黑表笔插入COM孔，转盘打在“‖”档，找出晶体管的基极b并判断晶体管的类型（PNP或者NPN）。转盘打在“hFE”档，根据类型插入PNP或NPN插孔，读出显示屏中β值。

(2) 注意事项：e、b、c管脚的判定，表笔插位同上，其原理同二极管。先假定A脚为基极，用黑表笔与该脚相接，红表笔与其他两脚分别接触。若两次读数均为0.7V左右，然后再用红表笔接A脚，黑表笔接触其他两脚，若均显示“1”，则A脚为基极，且此管为PNP型管，否则需要重新测量。那么集电极和发射极如何判断呢？我们可以利用“hFE”档来判断：先将档位打到“hFE”档，可以看到档位旁有一排小插孔，分为PNP型和NPN型管的测量。前面已经判断出管型，将基极插入对应管型“b”孔，其余两脚分别插入“c”“e”孔，此时可以读取数值，即β值；再固定基极，其余两脚对调。比较两次读数，读数较大的管脚位置与表面“c”“e”相对应。

9. 数字万用表使用注意事项

如果无法预先估计被测电压或电流的大小，则应先拨至最高量程档测量一次，再视情况逐渐把量程减小到合适位置。测量完毕，应将量程开关拨到最高电压档，并关闭电源。满量程时，仪表仅在最高位显示数字“1”，其他位均消失，这时应选择更高的量程。测量电压时，应将数字万用表与被测电路并联。测电流时应与被测电路串联，测直流量时不必考虑正、负极性。当误用交流电压档去测量直流电压，或者误用直流电压档去测量交流电时，显示屏将显示“000”，或低位上的数字出现跳动。禁止在测量高电压（220V以上）或大电流（0.5A以上）时换量程，以防止产生电弧，烧毁开关触点。当万用表的电池电量即将耗尽时，液晶显示器左上角会有电池电量低提示标志，此时电量不足，若仍进行测量，测量值会比实际值偏高。

参 考 文 献

[1] 邱关源．电路 [M]．3版．北京：高等教育出版社，1989.

[2] 秦曾煌．电工学 [M]．5版．北京：高等教育出版社，1999.

[3] 孙平．可编程控制器原理及应用 [M]．北京：高等教育出版社，2002.

[4] 许翏．工厂电气控制设备 [M]．3版．北京：机械工业出版社，2009.

[5] 白乃平．电工基础 [M]．3版．西安：西安电子科技大学出版社，2010.

[6] 董良新．电机与电气控制技术 [M]．青岛：中国海洋大学出版社，2011.

[7] 王芹．可编程控制器技术及应用 [M]．天津：天津大学出版社，2012.

[8] 席时达．电工技术 [M]．3版．北京：高等教育出版社，2012.

[9] 唐志珍，杨志友．电工技能晋级教程 [M]．北京：北京交通大学出版社，2012.